Abhandlungen

über die

Algebraische Auflösung der Gleichungen

von

N. H. Abel und **E. Galois.**

Deutsch herausgegeben

von

H. Maser.

Springer-Verlag Berlin Heidelberg GmbH

1889.

ISBN 978-3-642-51944-4 ISBN 978-3-642-52006-8 (eBook)
DOI 10.1007/978-3-642-52006-8

Vorwort des Herausgebers.

Die Bemühungen der hervorragendsten Mathematiker während der zweiten Hälfte des vorigen Jahrhunderts, die algebraische Auflösung der den vierten Grad übersteigenden Gleichungen zu finden, hatten zwar zu vielen für die allgemeine Theorie der Gleichungen höchst wichtigen Ergebnissen geführt, immerhin aber waren sie in der Erreichung ihres eigentlichen Endzwecks völlig ohne Erfolg geblieben, so dass Gauss, der erkannt hatte, dass die algebraische Auflösbarkeit der Gleichungen auf der Möglichkeit ihrer Zurückführung auf sogenannte reine Gleichungen beruhe, geradezu die Vermutung aussprach, es möchte die Aufgabe, die algebraischen Gleichungen von höherem als dem vierten Grade allgemein durch Wurzelgrössen aufzulösen, etwas Unmögliches verlangen (Vgl. *Demonstr. nova theorematis omnem funct. algebr. etc., Art. 9* und *Disquis. arithm. Art. 359*). Doch vermochte auch Gauss die Richtigkeit seiner Vermutung noch nicht zu erweisen. Erst Abel gelang es, nachdem bereits der italienische Mathematiker Ruffini einen Beweis für die Unmöglichkeit der algebraischen Auflösung allgemeiner Gleichungen von höherem Grade zu geben versucht hatte, in aller Strenge zu begründen, dass das, was man so lange vergeblich gesucht hatte, überhaupt nicht gefunden werden könne, dass sich eine algebraische Gleichung von höherem als dem vierten Grade im Allgemeinen nicht auf reine Gleichungen zurückführen lasse und somit die Darstellung ihrer Wurzeln mit Hülfe von Wurzelgrössen im Allgemeinen unmöglich sei. Damit war den bisherigen fruchtlosen Bemühungen ein Ziel gesetzt und der weiteren Forschung ein neuer Weg gewiesen. Die Frage nach der algebraischen Auflösung der Gleichungen hatte eine ganz andere Fassung angenommen. Abel selbst gab dieser Frage die neue Fassung, indem er die Aufgabe stellte, alle Gleichungen von irgend einem gegebenen Grade zu finden, welche algebraisch lösbar seien. Bereits kannte man eine sehr umfangreiche Klasse specieller Gleichungen von dieser Beschaffenheit. Schon Vandermonde wusste im Jahre 1771, wie aus seiner wichtigen Abhandlung: *Sur la résolution des équations, Art. XXXV**), hervorgeht, dass gewisse auf die Teilung des Kreises in

*) Deutsch herausgegeben von C. Itzigsohn, Verlag von Julius Springer, Berlin 1886.

gleiche Teile bezügliche Gleichungen algebraisch lösbar seien; doch blieb es Gauss vorbehalten, eine allgemeine Theorie dieser Gleichungen aufzustellen und den Nachweis zu führen, dass die Zurückführung derselben auf reine Gleichungen jederzeit möglich sei. Zugleich zeigte er durch den Hinweis darauf, dass auch in einer allgemeineren Theorie, der Theorie der später so genannten elliptischen Functionen, Gleichungen von analogen Eigenschaften auftreten, die Richtung an, nach welcher weitergehende Forschungen sich zu bewegen hatten. Dem von Gauss gegebenen Fingerzeige folgend, verallgemeinerte Abel die von jenem erhaltenen Resultate und bewies, dass, wenn zwei Wurzeln einer irreductiblen Gleichung derart mit einander verbunden sind, dass die eine sich rational durch die andere ausdrücken lässt, die Gleichung mit Hülfe von Wurzelgrössen sich lösen lässt, falls ihr Grad eine Primzahl ist, und dass im andern Falle ihre Auflösung stets zurückgeführt werden kann auf diejenige von Gleichungen niederer Grade.

Gleichzeitig mit Abel und mit nicht geringerem Geschick und Erfolg wie dieser beschäftigte sich der kaum zwanzigjährige ungemein scharfsinnige Galois mit der algebraischen Auflösbarkeit der Gleichungen. Kannte man auch durch Abel's Untersuchungen eine grosse Klasse durch Wurzelgrössen auflösbarer Gleichungen, so harrte doch die Frage, ob es ausser diesen noch andere von ähnlicher Beschaffenheit gebe, oder allgemeiner, welches die notwendigen und hinreichenden Bedingungen dafür seien, dass sich eine Gleichung algebraisch lösen lasse, noch ihrer Beantwortung. Diese zu geben unternahm Galois. Seine Untersuchungen gipfelten in dem Satze: Damit eine irreductible Gleichung, deren Grad eine Primzahl ist, durch Wurzelgrössen lösbar sei, ist notwendig und hinreichend, dass, wenn irgend zwei ihrer Wurzeln gegeben sind, die übrigen sich rational daraus herleiten lassen.

Diese Arbeiten von Abel und Galois bilden die Grundlage für die Untersuchungen hervorragender neuerer Mathematiker auf diesem Gebiete. Denn offenbar waren durch jene Arbeiten noch lange nicht alle Fragen hinsichtlich der algebraisch auflösbaren Gleichungen beantwortet. Es waren Kriterien gegeben, vermittelst deren man zu beurteilen vermöchte, ob eine gegebene Gleichung durch Wurzelgrössen auflösbar ist oder nicht, vorausgesetzt, dass man in einem besonderen Falle wüsste, dass jene Bedingungen erfüllt sind. Aber wie kann man aus der äusseren Form einer gegebenen Gleichung erkennen, ob diese Bedingungen erfüllt sind oder nicht? Giebt es nicht gewisse Verbindungen zwischen den Coefficienten einer Gleichung, aus denen man sofort auf die Möglichkeit der algebraischen Auflösung schliessen kann? Kurz, welches ist der allgemeine Typus der durch Wurzelgrössen auflösbaren Gleichungen jeden Grades? Der Beantwortung dieser schwierigen Fragen, welche auch heute noch nicht vollständig gelungen ist, sind, wie man weiss, einige der wichtigsten und bedeutendsten Abhandlungen eines unserer hervorragendsten Gelehrten gewidmet.

Muss man hiernach die fundamentale Wichtigkeit der Abhandlungen von Abel und Galois über die algebraische Auflösbarkeit der Gleichungen rückhaltlos zugeben, so wird man es auch für kein tadelnswertes Beginnen halten dürfen, wenn hier der Versuch gemacht wird, dieselben einem weiteren Kreise zugänglich zu machen. Allerdings wäre lebhaft zu wünschen, dass Abel's Werke bei ihrer grundlegenden Bedeutung in dem Besitze eines jeden Mathematikers sich befänden; ohne ein Urteil darüber abgeben zu wollen, inwieweit dieser Wunsch realisiert ist oder nicht, glaube ich doch behaupten zu dürfen, dass wenigstens für einen grossen Teil unserer Studierenden der Preis derselben ein so erheblicher ist, dass es ihnen kaum möglich ist, sich dieselben anzuschaffen. Auch dass sich die beiden Hauptabhandlungen Abel's in Crelle's Journal befinden, ist kein irgendwie stichhaltiger Grund gegen deren Veröffentlichung in vorliegender Form. Die Galois'schen Abhandlungen einzusehen, ist gar nur wenigen vergönnt, da sie in einem der ersten nur sehr wenigen zugänglichen Bände des Liouville'schen Journals enthalten sind. Da andererseits die Abhandlungen von Abel und Galois über die algebraisch auflösbaren Gleichungen auf das Engste mit einander zusammenhängen, so erschien es zweckmässig, dieselben in einem Bändchen zu vereinigen. Zusammen mit den im selben Verlage erschienenen Abhandlungen von Vandermonde und den Untersuchungen von Gauss über die Kreisteilungsgleichungen wird es einen höchst wertvollen Ueberblick über eine ganze Entwicklungsepoche in der Theorie der algebraischen Gleichungen geben und ein unentbehrlicher Schatz in der Bibliothek eines jeden Mathematikers sein.

Ich will gern anerkennen, dass es vielen lieber, ja dass es aus manchen Gründen auch vielleicht besser gewesen wäre, wenn namentlich die überaus schwer verständlichen und tiefsinnigen Abhandlungen von Galois in der Sprache des Originals neu herausgegeben worden wären, und würde es freudig begrüssen, wenn Jemand sich dieser Mühe unterziehen wollte. Die Gründe, die mich veranlassten, trotzdem eine Uebersetzung derselben zu geben, sind dieselben, wie die, welche ich in meinem Vorwort zu Gauss „Untersuchungen über höhere Arithmetik" geltend gemacht habe. Ich versichere jedoch, dass ich mich bei der Uebersetzung möglichst wörtlich an das Original gehalten habe.

Es dürfte wohl kaum in der mathematischen Literatur noch andere Abhandlungen geben, welche eines Commentars so sehr bedürften, wie die wichtigeren von Galois. Sie geben die Resultate der tiefsinnigsten und schwierigsten Untersuchungen in der allerknappsten Form häufig ohne jeglichen Beweis oder die leiseste Andeutung des Weges, auf dem sie erhalten wurden. Ein Commentar hierzu, der auch nur den mässigsten Ansprüchen genügte, würde aber völlig aus dem Rahmen dieser Publikation heraustreten und ein durchaus selbstständiges voluminöses Werk bilden müssen, das auch bei sorgfältigster Bearbeitung noch zahlreiche Lücken aufweisen würde. Es muss daher jedem einzelnen Leser überlassen bleiben, sich selbst, so gut es geht, in den Ideeengang der Galois'schen Abhandlungen hineinzuarbeiten. Eine kleine Hülfe kann ihm hierbei der zweite Band von Serret's *Cours d'algèbre supérieure**) leisten, in welchem sich die betreffenden Galois'schen Abhandlungen teilweise analysiert finden. Die Abhandlungen Abel's sind leichter verständlich; ich habe mich daher jeglicher Bemerkung über die von Abel selbst veröffentlichten Abhandlungen enthalten und nur der hinterlassenen fragmentarischen Abhandlung S. 57 einige Notizen beigegeben, um die einen grossen Teil derselben ausmachenden, fast ohne jeden vermittelnden Text aneinandergereihten Formeln zu erläutern. Dass ich dabei im Wesentlichen die im zweiten Bande der von Sylow und Lie besorgten Ausgabe der Abel'schen Werke enthaltenen Noten wiedergebe, wird mir, denke ich, nicht als Unrecht angerechnet werden, da ich mir durch diese Publikation durchaus kein eigenes wissenschaftliches Verdienst zu vindicieren beabsichtige.

In einem kurzen Anhange gebe ich einige die algebraische Auflösung der Gleichungen betreffende historisch interessante Notizen aus den Briefen Abel's an Holmboe und Crelle, sowie einige kleinere Bemerkungen von Galois. Obwohl die letzteren sich nicht auf die algebraische Auflösung der Gleichungen beziehen und auch sonst kein grösseres Interesse beanspruchen können, habe ich sie doch hier aufgenommen, weil sie einerseits nur ein paar Seiten einnehmen und andererseits dazu dienen, die vorliegende Ausgabe der Abhandlungen von Galois zu einer vollständigen zu machen.

Abel und Galois sind bekanntlich beide im jugendlichsten Alter der Wissenschaft entrissen worden; Abel starb im 27. Lebensjahre an einer heimtückischen Krankheit, Galois fiel, noch nicht 21 Jahre alt, im Duell. Und doch haben sie Unsterbliches geleistet, und doch hat ihr durchdringender Geist die mathematische Wissenschaft in einem grossen Teile völlig umgestaltet und ihr neue Bahnen gewiesen. Möge die vorliegende Ausgabe einiger ihrer Abhandlungen dazu beitragen, die Jünger dieser Wissenschaft zum fleissigen Studium der Werke jener Geisteshelden anzuspornen, um aus diesem nie versiegenden Urquell immer neue Wahrheiten zu schöpfen.

---

*) Deutsch bearbeitet von G. Wertheim, Verlag von B. G. Teubner, Leipzig.

Inhaltsverzeichnis.

Anhang.

Abhandlungen

von

Niels Henrik Abel.

Abhandlung über die algebraischen Gleichungen, in welcher die Unmöglichkeit der Auflösung der allgemeinen Gleichung fünften Grades bewiesen wird.

(Christiania 1824, Oeuvres complètes, 1881. Bd. I S. 28).

Die Geometer haben sich viel mit der allgemeinen Auflösung der algebraischen Gleichungen beschäftigt und mehrere von ihnen haben die Unmöglichkeit derselben zu beweisen versucht; damit hat man jedoch bis jetzt, wenn ich nicht irre, kein Glück gehabt. Ich wage daher zu hoffen, dass die Geometer diese Abhandlung, welche zum Zwecke hat, diese Lücke in der Theorie der algebraischen Gleichungen auszufüllen, mit Wohlwollen aufnehmen werden.

Es sei

$$y^5 - ay^4 + by^3 - cy^2 + dy - e = 0$$

die allgemeine Gleichung fünften Grades und wir nehmen an, dass sie algebraisch auflösbar sei, d. h. dass man y durch eine aus Wurzelgrössen gebildete Function der Grössen a, b, c, d und e ausdrücken könne. Offenbar kann man in diesem Falle y auf die Form bringen

$$y = p + p_1 R^{\frac{1}{m}} + p_2 R^{\frac{2}{m}} + \cdots + p_{m-1} R^{\frac{m-1}{m}},$$

wo m eine Primzahl ist und R, p, p_1, p_2, ... Functionen von derselben Form wie y sind, und ebenso weiter, bis man zu rationalen Functionen der Grössen a, b, c, d und e gelangt. Man kann ebenfalls annehmen, dass es unmöglich ist, $R^{\frac{1}{m}}$ durch eine rationale Function der Grössen a, b, ..., p, p_1, p_2, ... auszudrücken, und indem man $\frac{R}{p_1^{m}}$ für R setzt, ist klar, dass man $p_1 = 1$ setzen kann. Man hat also:

$$y = p + R^{\frac{1}{m}} + p_2 R^{\frac{2}{m}} + \cdots + p_{m-1} R^{\frac{m-1}{m}}.$$

1*

Setzt man diesen Wert von y in die gegebene Gleichung ein, so erhält man, nachdem man reduciert hat, ein Resultat von folgender Form:

$$P = q + q_1 R^{\frac{1}{m}} + q_2 R^{\frac{2}{m}} + \cdots + q_{m-1} R^{\frac{m-1}{m}} = 0,$$

wo $q, q_1, q_2, \ldots$ rationale und ganze Functionen der Grössen $a, b, c, d, e, p, p_2, \ldots$ und R sind. Damit diese Gleichung stattfinden könne, muss $q = 0,\ q_1 = 0,\ q_2 = 0, \ldots, q_{m-1} = 0$ sein. In der That, bezeichnet man $R^{\frac{1}{m}}$ mit z, so hat man die beiden Gleichungen:

$$z^m - R = 0$$
$$q + q_1 z + \cdots + q_{m-1} z^{m-1} = 0.$$

Wenn nun die Grössen $q, q_1, \ldots$ nicht gleich Null sind, so haben diese Gleichungen notwendig eine oder mehrere gemeinschaftliche Wurzeln. Ist k die Anzahl dieser Wurzeln, so kann man bekanntlich eine Gleichung vom Grade k finden, welche die k erwähnten Wurzeln zu Wurzeln hat, und in welcher sämtliche Coefficienten rationale Functionen von $R, q, q_1, \ldots, q_{m-1}$ sind. Es sei

$$r + r_1 z + r_2 z^2 + \cdots + r_k z^k = 0$$

diese Gleichung. Dieselbe hat ihre Wurzeln gemeinsam mit der Gleichung $z^m - R = 0$; nun sind aber alle Wurzeln dieser Gleichung von der Form $\alpha_\mu z$, wo α_μ eine der Wurzeln der Gleichung $\alpha_\mu^m - 1 = 0$ bezeichnet. Man hat daher, wenn man substituiert, die folgenden Gleichungen:

$$\begin{array}{l}
r + r_1 z + r_2 z^2 + \cdots\cdots + r_k z^k = 0 \\
r + \alpha r_1 z + \alpha^2 r_2 z^2 + \cdots\cdots + \alpha^k r_k z^k = 0 \\
\cdots\cdots\cdots\cdots\cdots\cdots\cdots\cdots \\
r + \alpha_{k-2} r_1 z + \alpha_{k-2}^2 r_2 z^2 + \cdots\cdots + \alpha_{k-2}^k r_k z^k = 0.
\end{array}$$

Aus diesen k Gleichungen kann man stets den Wert von z ausgedrückt erhalten durch eine rationale Function der Grössen $r, r_1, r_2, \ldots, r_k$, und da diese Grössen selbst rationale Functionen von $a, b, c, d, e, R, \ldots, p, p_2, \ldots$ sind, so folgt, dass z ebenfalls eine rationale Function dieser letzteren Grössen ist. Dies widerspricht aber der Voraussetzung. Mithin muss sein:

$$q = 0,\ q_1 = 0, \ldots, q_{m-1} = 0.$$

Wenn nun diese Gleichungen stattfinden, so ist klar, dass die vorgelegte Gleichung befriedigt wird durch sämtliche Werte, welche man für y erhält, wenn man $R^{\frac{1}{m}}$ alle Werte

$$R^{\frac{1}{m}},\ \alpha R^{\frac{1}{m}},\ \alpha^2 R^{\frac{1}{m}},\ \alpha^3 R^{\frac{1}{m}}, \ldots,\ \alpha^{m-1} R^{\frac{1}{m}}$$

giebt, wo α eine Wurzel der Gleichung ist:

$$\alpha^{m-1} + \alpha^{m-2} + \cdots + \alpha + 1 = 0.$$

Man sieht auch, dass alle diese Werte von y verschieden sind; denn im entgegengesetzten Falle würde man eine Gleichung von derselben Form wie die Gleichung $P = 0$ erhalten, und eine solche Gleichung führt, wie wir soeben gesehen haben, zu einem Resultat, welches nicht stattfinden kann. Die Zahl m darf also 5 nicht übersteigen. Bezeichnet man demnach mit y_1, y_2, y_3, y_4, y_5 die Wurzeln der gegebenen Gleichung, so hat man:

$$\begin{aligned}
y_1 &= p + R^{\frac{1}{m}} + p_2 R^{\frac{2}{m}} + \cdots + p_{m-1} R^{\frac{m-1}{m}} \\
y_2 &= p + \alpha R^{\frac{1}{m}} + \alpha^2 p_2 R^{\frac{2}{m}} + \cdots + \alpha^{m-1} p_{m-1} R^{\frac{m-1}{m}} \\
&\cdots\cdots\cdots\cdots\cdots\cdots \\
y_m &= p + \alpha^{m-1} R^{\frac{1}{m}} + \alpha^{m-2} p_2 R^{\frac{2}{m}} + \cdots + \alpha p_{m-1} R^{\frac{m-1}{m}}.
\end{aligned}$$

Aus diesen Gleichungen leitet man ohne Mühe her:

$$\begin{aligned}
p &= \frac{1}{m}(y_1 + y_2 + \cdots + y_m) \\
R^{\frac{1}{m}} &= \frac{1}{m}(y_1 + \alpha^{m-1} y_2 + \cdots + \alpha y_m) \\
p_2 R^{\frac{2}{m}} &= \frac{1}{m}(y_1 + \alpha^{m-2} y_2 + \cdots + \alpha^2 y_m) \\
&\cdots\cdots\cdots\cdots\cdots\cdots \\
p_{m-1} R^{\frac{m-1}{m}} &= \frac{1}{m}(y_1 + \alpha y_2 + \cdots + \alpha^{m-1} y_m).
\end{aligned}$$

Man sieht hieraus, dass $p, p_2, \ldots, p_{m-1}$, R und $R^{\frac{1}{m}}$ rationale Functionen der Wurzeln der gegebenen Gleichung sind.

Betrachten wir jetzt irgend eine dieser Grössen z. B. R. Es sei:

$$R = S + v^{\frac{1}{n}} + S_2 v^{\frac{2}{n}} + \cdots + S_{n-1} v^{\frac{n-1}{n}}.$$

Behandelt man diese Grösse auf dieselbe Weise wie y, so erhält man ein analoges Resultat, nämlich dass die Functionen $v^{\frac{1}{n}}$, v, S, $S_2, \ldots$ rationale Functionen der verschiedenen Werte der Function R sind; und da diese rationale Functionen von $y_1, y_2, \ldots$ sind, so sind es die Functionen $v^{\frac{1}{n}}$, v, S, $S_2, \ldots$ ebenfalls. Verfolgt man diese Schlussreihe weiter, so folgt, dass sämtliche irrationalen Functionen, welche in dem Ausdrucke von y enthalten sind, rationale Functionen der Wurzeln der gegebenen Gleichung sind.

Nachdem dies festgestellt ist, ist es nicht schwer, den Beweis zu vollenden. Wir betrachten zunächst die irrationalen Functionen von der Form $R^{\frac{1}{m}}$, wo R eine rationale Function von a, b, c, d, e ist. Ist $R^{\frac{1}{m}} = r$, so ist r eine rationale Function von y_1, y_2, y_3, y_4, y_5 und R eine symmetrische Function dieser Grössen. Da es sich nun handelt um die Auflösung der allgemeinen Gleichung fünften Grades, so kann man offenbar y_1, y_2, y_3, y_4, y_5 als unabhängige Veränderliche betrachten; die Gleichung $R^{\frac{1}{m}} = r$ muss somit unter dieser Voraussetzung stattfinden. Infolge dessen kann man in der Gleichung $R^{\frac{1}{m}} = r$ die Grössen y_1, y_2, y_3, y_4, y_5 unter einander vertauschen. Durch diese Vertauschung erhält nun aber $R^{\frac{1}{m}}$ notwendig m verschiedene Werte, wenn man beachtet, dass R eine symmetrische Function ist. Die Function r muss somit die Eigenschaft haben, dass sie m verschiedene Werte erhält, wenn man auf alle möglichen Arten die fünf Veränderlichen, welche sie enthält, vertauscht. Hierzu muss aber $m = 5$ oder $m = 2$ sein, wenn man beachtet, dass m eine Primzahl ist (Man vergleiche eine Abhandlung von Cauchy im XVII. Hefte des *Journal de l'École Polytechnique*). Es sei zunächst $m = 5$. Die Function r hat also fünf verschiedene Werte und kann folglich unter die Form gesetzt werden:

$$R^{\frac{1}{5}} = r = p + p_1 y_1 + p_2 y_1^2 + p_3 y_1^3 + p_4 y_1^4,$$

wo p, p_1, p_2, ... symmetrische Functionen von y_1, y_2, ... sind. Diese Gleichung giebt, wenn man y_1 in y_2 verwandelt:

$$p + p_1 y_1 + p_2 y_1^2 + p_3 y_1^3 + p_4 y_1^4 = \alpha p + \alpha p_1 y_2 + \alpha p_2 y_2^2 + \alpha p_3 y_2^3 + \alpha p_4 y_2^4,$$

wo

$$\alpha^4 + \alpha^3 + \alpha^2 + \alpha + 1 = 0$$

ist. Diese Gleichung kann aber nicht stattfinden; mithin muss die Zahl $m = 2$ sein. Ist demnach

$$R^{\frac{1}{2}} = r,$$

so muss r zwei verschiedene und mit entgegengesetztem Vorzeichen behaftete Werte besitzen. Man hat daher (vgl. die Abhandlung von Cauchy):

$$R^{\frac{1}{2}} = r = v(y_1 - y_2)(y_1 - y_3) \ldots (y_2 - y_3) \ldots (y_4 - y_5) = vS^{\frac{1}{2}},$$

wo v eine symmetrische Function ist.

Betrachten wir jetzt die irrationalen Functionen von der Form:

$$\left(p + p_1 R^{\frac{1}{\nu}} + p_2 R_1^{\frac{1}{\mu}} + \cdots\right)^{\frac{1}{m}},$$

wo $p, p_1, p_2, \ldots, R, R_1, \ldots$ rationale Functionen von a, b, c, d, e und demzufolge symmetrische Functionen von y_1, y_2, y_3, y_4, y_5 sind. Wie wir gesehen haben, muss man $\nu = \mu = \cdots = 2$, $R = v^2 S$, $R_1 = v_1{}^2 S, \ldots$ haben. Die vorstehende Function kann daher auf die Form gebracht werden:

$$\left(p + p_1 S^{\frac{1}{2}}\right)^{\frac{1}{m}}.$$

Ist

$$r = \left(p + p_1 S^{\frac{1}{2}}\right)^{\frac{1}{m}}$$

$$r_1 = \left(p - p_1 S^{\frac{1}{2}}\right)^{\frac{1}{m}},$$

so erhält man, wenn man multipliciert:

$$r r_1 = \left(p^2 - p_1{}^2 S\right)^{\frac{1}{m}}.$$

Wenn jetzt $r r_1$ keine symmetrische Function ist, so muss die Zahl $m = 2$ sein; in diesem Falle hat aber r vier verschiedene Werte, was unmöglich ist; demnach muss $r r_1$ eine symmetrische Function sein. Ist v diese Function, so hat man:

$$r + r_1 = \left(p + p_1 S^{\frac{1}{2}}\right)^{\frac{1}{m}} + v\left(p + p_1 S^{\frac{1}{2}}\right)^{-\frac{1}{m}} = z.$$

Diese Function hat m verschiedene Werte, mithin muss $m = 5$ sein, wenn man beachtet, dass m eine Primzahl ist. Man erhält folglich:

$$z = q + q_1 y + q_2 y^2 + q_3 y^3 + q_4 y^4 = \left(p + p_1 S^{\frac{1}{2}}\right)^{\frac{1}{5}} + v\left(p + p_1 S^{\frac{1}{2}}\right)^{-\frac{1}{5}},$$

wo $q, q_1, q_2, \ldots$ symmetrische Functionen von $y_1, y_2, y_3, \ldots$ und infolge dessen rationale Functionen von a, b, c, d, e sind. Verbindet man diese Gleichung mit der gegebenen Gleichung, so erhält man daraus den Wert von y dargestellt durch eine rationale Function von z, a, b, c, d, e. Eine solche Function ist aber immer zurückführbar auf die Form:

$$y = P + R^{\frac{1}{5}} + P_2 R^{\frac{2}{5}} + P_3 R^{\frac{3}{5}} + P_4 R^{\frac{4}{5}},$$

wo P, R, P_2, P_3, P_4 Functionen von der Form $p + p_1 S^{\frac{1}{2}}$ und p, p_1, S rationale Functionen von a, b, c, d, e sind. Aus diesem Werte von y leitet man her:

$$R^{\frac{1}{5}} = \frac{1}{5}\left(y_1 + \alpha^4 y_2 + \alpha^3 y_3 + \alpha^2 y_4 + \alpha y_5\right) = \left(p + p_1 S^{\frac{1}{2}}\right)^{\frac{1}{5}},$$

wo

$$\alpha^4 + \alpha^3 + \alpha^2 + \alpha + 1 = 0$$

ist. Nun hat aber die linke Seite 120 verschiedene Werte und die rechte nur 10; folglich kann y nicht die Form haben, die wir soeben gefunden hatten. Wir haben aber bewiesen, dass y notwendig diese Form haben muss, wenn die gegebene Gleichung lösbar ist; mithin schliessen wir:

dass es unmöglich ist, die allgemeine Gleichung fünften Grades durch Wurzelgrössen aufzulösen.

Es folgt unmittelbar aus diesem Satze, dass es ebenso unmöglich ist, die allgemeinen Gleichungen von höherem als dem fünften Grade durch Wurzelgrössen aufzulösen.

Beweis der Unmöglichkeit der algebraischen Auflösung der allgemeinen Gleichungen, welche den vierten Grad übersteigen.

(Crelle's Journ. f. d. r. u. a. Mathematik, Bd. I, 1826. Oeuvres complètes, 1881, Bd. I S. 66).

Man kann bekanntlich die allgemeinen Gleichungen bis zum vierten Grade auflösen, Gleichungen von höherem Grade aber nur in besonderen Fällen, und irre ich nicht, so ist die Frage: „Ist es möglich, die Gleichungen, welche den vierten Grad übersteigen, allgemein aufzulösen", noch nicht in befriegender Weise beantwortet worden. Diese Abhandlung hat zum Zweck, diese Frage zu beantworten.

Eine Gleichung algebraisch auflösen, will nichts andres sagen, als ihre Wurzeln durch algebraische Functionen der Coefficienten auszudrücken. Wir müssen daher zunächst die allgemeine Form der algebraischen Functionen betrachten und sodann untersuchen, ob es möglich ist, der gegebenen Gleichung zu genügen, wenn man den Ausdruck einer algebraischen Function an die Stelle der Unbekannten setzt.

§ I.

Über die allgemeine Form der algebraischen Functionen.

Es seien $x', x'', x''', \ldots$ eine endliche Anzahl irgend welcher Grössen. Man sagt, v sei eine algebraische Function dieser Grössen, wenn es möglich ist, v durch $x', x'', x''', \ldots$ mit Hülfe der folgenden Operationen auszudrücken: 1. mittelst der Addition; 2. mittelst der Multiplikation sei es von Grössen, welche von $x', x'', x''', \ldots$ abhängen, sei es von Grössen, welche nicht davon abhängen; 3. mittelst der Division; 4. mittelst der Ausziehung von Wurzeln mit Primzahlexponenten. Unter diesen Operationen haben wir nicht mit aufgezählt die Subtraktion, die Erhebung zu ganzen Potenzen und die Ausziehung von Wurzeln mit zusammengesetzten

Exponenten, denn diese sind augenscheinlich unter den vier erwähnten Operationen mit einbegriffen.

Wenn die Function v sich durch die drei ersten der obigen Operationen bilden lässt, so wird sie algebraisch und rational oder bloss rational genannt, und wenn die beiden ersten Operationen allein notwendig sind, so heisst sie algebraisch, rational und ganz oder bloss ganz.

Es sei $f(x', x'', x''', \ldots)$ irgend eine Function, welche sich durch die Summe einer endlichen Anzahl von Gliedern von der Form

$$Ax'^{m_1}x''^{m_2}\ldots$$

ausdrücken lässt, wo A eine von $x', x'', \ldots$ unabhängige Grösse ist und $m_1, m_2, \ldots$ ganze positive Zahlen bezeichnen; es ist klar, dass die beiden ersten obigen Operationen besondere Fälle der durch $f(x', x'', x''', \ldots)$ bezeichneten Operation sind. Man kann somit die ganzen Functionen gemäss ihrer Definition betrachten als resultierend aus einer beschränkten Anzahl von Wiederholungen dieser Operation. Bezeichnet man mit $v', v'', v''', \ldots$ mehrere Functionen der Grössen $x', x'', x''', \ldots$ von derselben Form wie $f(x', x'', x''', \ldots)$, so wird die Function $f(v', v'', \ldots)$ offenbar von derselben Form sein wie $f(x', x'', x''', \ldots)$. Nun ist $f(v', v'', \ldots)$ der allgemeine Ausdruck der Functionen, welche aus der zweimal wiederholten Operation $f(x', x'', \ldots)$ hervorgehen. Man wird also immer dasselbe Resultat finden, wenn man diese Operation so oft man will wiederholt. Es folgt hieraus, dass jede ganze Function von mehreren Grössen $x', x'', \ldots$ dargestellt werden kann durch eine Summe von mehreren Gliedern von der Form $Ax'^{m_1}x''^{m_2}\ldots$

Betrachten wir jetzt die rationalen Functionen. Wenn $f(x', x'', \ldots)$ und $\varphi(x', x'', \ldots)$ zwei ganze Functionen sind, so ist evident, dass die drei ersten Operationen besondere Fälle der durch

$$\frac{f(x', x'', \ldots)}{\varphi(x', x'', \ldots)}$$

bezeichneten Operation sind. Man kann also eine rationale Function als das Resultat der Wiederholung dieser Operation betrachten. Bezeichnet man durch $v', v'', v''', \ldots$ mehrere Functionen von der Form $\frac{f(x', x'', \ldots)}{\varphi(x', x'', \ldots)}$, so sieht man leicht, dass die Function $\frac{f(v', v'', \ldots)}{\varphi(v', v'', \ldots)}$ zurückgeführt werden kann auf dieselbe Form. Es folgt daraus, dass jede rationale Function mehrerer Grössen $x', x'', \ldots$ stets zurückgeführt werden kann auf die Form

$$\frac{f(x', x'', \ldots)}{\varphi(x', x'', \ldots)},$$

worin der Zähler und der Nenner ganze Functionen sind.

Schliesslich wollen wir die allgemeine Form der algebraischen Functionen suchen. Bezeichnen wir mit $f(x', x'', \ldots)$ irgend eine rationale Function, so ist klar, dass jede algebraische Function zusammengesetzt werden kann mit Hülfe der durch $f(x', x'', \ldots)$ bezeichneten Operation in Verbindung mit der Operation $\sqrt[m]{r}$, wo m eine Primzahl ist. Mithin wird, wenn $p', p'', \ldots$ rationale Functionen von $x', x'', \ldots$ sind,

$$p_1 = f(x', x'', \ldots, \sqrt[n']{p'}, \sqrt[n'']{p''}, \ldots)$$

die allgemeine Form der algebraischen Functionen von $x', x'', \ldots$ sein, in denen die durch $\sqrt[m]{r}$ ausgedrückte Operation sich nur auf rationale Functionen erstreckt. Die Functionen von der Form p_1 werden algebraische Functionen **der ersten Ordnung** genannt. Bezeichnet man mit $p_1', p_1'', \ldots$ mehrere Grössen von der Form p_1, so wird der Ausdruck

$$p_2 = f(x', x'', \ldots, \sqrt[n']{p'}, \sqrt[n'']{p''}, \ldots, \sqrt[n_1']{p_1'}, \sqrt[n_1'']{p_1''}, \ldots)$$

die allgemeine Form der algebraischen Functionen von $x', x'', \ldots$ sein, in denen die Operation $\sqrt[m]{r}$ sich nur auf rationale Functionen und auf algebraische Functionen erster Ordnung erstreckt. Die Functionen von der Form p_2 werden algebraische Functionen **der zweiten Ordnung** genannt. Ebenso wird der Ausdruck

$$p_3 = f(x', x'', \ldots, \sqrt[n']{p'}, \sqrt[n'']{p''}, \ldots, \sqrt[n_1']{p_1'}, \sqrt[n_1'']{p_1''}, \ldots, \sqrt[n_2']{p_2'}, \sqrt[n_2'']{p_2''}, \ldots),$$

in welchem $p_2', p_2'', \ldots$ Functionen zweiter Ordnung sind, die allgemeine Form der algebraischen Functionen von $x', x'', \ldots$ sein, in denen sich die Operation $\sqrt[m]{r}$ nur auf rationale Functionen und auf algebraische Functionen der ersten und zweiten Ordnung erstreckt.

Indem man in dieser Weise weiter fortgeht, erhält man algebraische Functionen der dritten, vierten, ... μ^{ten} Ordnung, und es ist klar, dass der Ausdruck der Functionen μ^{ter} Ordnung der allgemeine Ausdruck der algebraischen Functionen ist.

Bezeichnet man also mit μ die Ordnung irgend einer algebraischen Function und mit v die Function selbst, so hat man:

$$v = f(r', r'', \ldots, \sqrt[n']{p'}, \sqrt[n'']{p''}, \ldots),$$

wo $p', p'', \ldots$ Funtionen von der Ordnung $\mu - 1$, $r', r'', \ldots$ Functionen von der Ordnung $\mu - 1$ oder von niedrigeren Ordnungen und $n', n'', \ldots$ Primzahlen sind; f bezeichnet immer eine rationale Function der in der Parenthese enthaltenen Grössen.

Man kann offenbar annehmen, dass es unmöglich ist, eine der Grössen $\sqrt[n']{p'}, \sqrt[n'']{p''}, \ldots$ durch eine rationale Function der andern und der Grössen

$r', r'', \ldots$ auszudrücken; denn im entgegengesetzten Falle würde die Function v die folgende einfachere Form haben:

$$v = f(r', r'', \ldots, \sqrt[n']{p'}, \sqrt[n'']{p''}, \ldots),$$

wo die Anzahl der Grössen $\sqrt[n']{p'}, \sqrt[n'']{p''}, \ldots$ mindestens um eine Einheit geringer wäre. Indem man in dieser Weise den Ausdruck von v soweit wie möglich reducierte, würde man entweder zu einem irreductiblen Ausdruck oder zu einem Ausdruck von der Form

$$v = f(r', r'', r''', \ldots)$$

gelangen; diese letztere Function aber würde nur von der Ordnung $\mu - 1$ sein, während v von der μ^{ten} Ordnung sein soll; und dies ist ein Widerspruch.

Wenn in dem Ausdruck von v die Anzahl der Grössen $\sqrt[n']{p'}, \sqrt[n'']{p''}, \ldots$ gleich m ist, so werden wir sagen, die Function v sei von der μ^{ten} Ordnung und vom m^{ten} Grade. Man sieht also, dass eine Function von der Ordnung μ und dem Grade 0 dasselbe ist, wie eine Function von der Ordnung $\mu - 1$, und eine Function von der Ordnung 0 dasselbe, wie eine rationale Function.

Es folgt hieraus, dass man setzen kann:

$$v = f(r', r'', \ldots, \sqrt[n]{p}),$$

wo p eine Function von der Ordnung $\mu - 1$ ist, aber $r', r'', \ldots$ Functionen μ^{ter} Ordnung und höchstens vom Grade $m - 1$ sind, und dass man immer annehmen kann, dass es unmöglich ist, $\sqrt[n]{p}$ durch eine rationale Function dieser Grössen auszudrücken.

Im Vorhergehenden haben wir gesehen, dass eine rationale Function mehrerer Grössen immer reduciert werden kann auf die Form

$$\frac{s}{t},$$

wo s und t ganze Functionen derselben veränderlichen Grössen sind. Man schliesst hieraus, dass v stets ausgedrückt werden kann wie folgt:

$$v = \frac{\varphi(r', r'', \ldots, \sqrt[n]{p})}{\tau(r', r'', \ldots, \sqrt[n]{p})},$$

wo φ und τ ganze Functionen der Grössen $r', r'', \ldots$ und $\sqrt[n]{p}$ bezeichnen. Nach dem, was wir weiter oben gefunden haben, kann jede ganze Function mehrerer Grössen $s, r', r'', \ldots$ ausgedrückt werden durch die Form:

$$t_0 + t_1 s + t_2 s^2 + \cdots + t_m s^m,$$

wo $t_0, t_1, \ldots, t_m$ ganze Functionen von $r', r'', r''', \ldots$ ohne s sind. Man kann daher setzen:

$$v = \frac{t_0 + t_1 p^{\frac{1}{n}} + t_2 p^{\frac{2}{n}} + \cdots + t_m p^{\frac{m}{n}}}{v_0 + v_1 p^{\frac{1}{n}} + v_2 p^{\frac{2}{n}} + \cdots + v_{m'} p^{\frac{m'}{n}}} = \frac{T}{V},$$

wo $t_0, t_1, \ldots, t_m, v_0, v_1, \ldots, v_{m'}$ ganze Functionen von $r', r'', r''', \ldots$ sind.

Sind $V_1, V_2, \ldots, V_{n-1}$ die $n-1$ Werte von V, welche man findet, indem man der Reihe nach $\alpha p^{\frac{1}{n}}, \alpha^2 p^{\frac{1}{n}}, \alpha^3 p^{\frac{1}{n}}, \ldots, \alpha^{n-1} p^{\frac{1}{n}}$, wo α eine von der Einheit verschiedene Wurzel der Gleichung $\alpha^n - 1 = 0$ ist, an die Stelle von $p^{\frac{1}{n}}$ setzt, so erhält man, indem man den Zähler und Nenner von $\frac{T}{V}$ mit $V_1 V_2 V_3 \ldots V_{n-1}$ multipliciert:

$$v = \frac{T V_1 V_2 \ldots V_{n-1}}{V V_1 V_2 \ldots V_{n-1}}.$$

Das Product $V V_1 V_2 \ldots V_{n-1}$ lässt sich bekanntlich ausdrücken durch eine ganze Function von p und den Grössen $r', r'', \ldots$ und das Product $T V_1 V_2 \ldots V_{n-1}$ ist, wie man sieht, eine ganze Function von $\sqrt[n]{p}$ und von $r', r'', \ldots$ Setzt man dieses Product gleich

$$s_0 + s_1 p^{\frac{1}{n}} + s_2 p^{\frac{2}{n}} + \cdots + s_k p^{\frac{k}{n}},$$

so findet man:

$$v = \frac{s_0 + s_1 p^{\frac{1}{n}} + s_2 p^{\frac{2}{n}} + \cdots + s_k p^{\frac{k}{n}}}{m},$$

oder, indem man $q_0, q_1, q_2, \ldots$ für $\frac{s_0}{m}, \frac{s_1}{m}, \frac{s_2}{m}, \cdots$ schreibt:

$$v = q_0 + q_1 p^{\frac{1}{n}} + q_2 p^{\frac{2}{n}} + \cdots + q_k p^{\frac{k}{n}},$$

wo $q_0, q_1, q_2, \ldots, q_k$ rationale Functionen der Grössen $p, r', r'', \ldots$ sind.

Ist μ irgend eine ganze Zahl, so kann man immer setzen:

$$\mu = an + \alpha,$$

wo a und α zwei ganze Zahlen sind und $\alpha < n$ ist. Es folgt hieraus, dass

$$p^{\frac{\mu}{n}} = p^{\frac{an+\alpha}{n}} = p^a \cdot p^{\frac{\alpha}{n}}$$

ist. Setzt man also diesen Ausdruck an die Stelle von $p^{\frac{\mu}{n}}$ in den Ausdruck von v ein, so erhält man:

$$v = q_0 + q_1 p^{\frac{1}{n}} + q_2 p^{\frac{2}{n}} + \cdots + q_{n-1} p^{\frac{n-1}{n}},$$

wo $q_0, q_1, q_2, \ldots$ ebenfalls rationale Functionen von $p, r', r'', \ldots$ und somit Funtionen μ^{ter} Ordnung und höchstens $m-1^{\text{ten}}$ Grades und so beschaffen sind, dass es unmöglich ist, $p^{\frac{1}{n}}$ rational durch diese Grössen auszudrücken.

In dem obigen Ausdruck von v kann man immer $q_1 = 1$ setzen. Denn wenn q_1 nicht Null ist, so erhält man, indem man $p_1 = p q_1^n$ setzt:

$$p = \frac{p_1}{q_1^n},\; p^{\frac{1}{n}} = \frac{p_1^{\frac{1}{n}}}{q_1},$$

mithin:

$$v = q_0 + p_1^{\frac{1}{n}} + \frac{q_2}{q_1^2} p_1^{\frac{2}{n}} + \cdots + \frac{q_{n-1}}{q_1^{n-1}} p_1^{\frac{n-1}{n}},$$

ein Ausdruck, der von derselben Form ist, wie der vorhergehende, nur dass $q_1 = 1$ ist. Ist $q_1 = 0$, so sei q_μ eine der Grössen $q_1, q_2, \ldots, q_{n-1}$, welche nicht Null ist, und es sei $q_\mu^n p^\mu = p_1$. Man erhält hieraus:

$$q_\mu^\alpha p^{\frac{\alpha\mu}{n}} = p_1^{\frac{\alpha}{n}}.$$

Nimmt man also zwei ganze Zahlen α und β an, welche der Gleichung $\alpha\mu - \beta n = \mu'$, wo μ' eine ganze Zahl ist, genügen, so hat man:

$$q_\mu^\alpha p^{\frac{\beta n + \mu'}{n}} = p_1^{\frac{\alpha}{n}}, \text{ und}$$

$$p^{\frac{\mu'}{n}} = q_\mu^{-\alpha} p^{-\beta} p_1^{\frac{\alpha}{n}}.$$

Hiernach und mit Beachtung dessen, dass $q_\mu p^{\frac{\mu}{n}} = p_1^{\frac{1}{n}}$ ist, erhält v die Form:

$$v = q_0 + p_1^{\frac{1}{n}} + q_2 p_1^{\frac{2}{n}} + \cdots + q_{n-1} p_1^{\frac{n-1}{n}}.$$

Aus allem Vorhergehenden schliesst man:

Ist v eine algebraische Function von der Ordnung μ und vom Grade m, so kann man immer setzen:

$$v = q_0 + p^{\frac{1}{n}} + q_2 p^{\frac{2}{n}} + q_3 p^{\frac{3}{n}} + \cdots + q_{n-1} p^{\frac{n-1}{n}},$$

wo n eine Primzahl ist, $q_0, q_2, \ldots, q_{n-1}$ algebraische Functionen μ^{ter} Ordnung und höchstens $m-1^{\text{ten}}$ Grades sind und ferner p eine algebraische Function von der Ordnung $\mu - 1$ und so beschaffen ist, dass $p^{\frac{1}{n}}$ sich nicht rational durch $q_0, q_1, \ldots, q_{n-1}$ ausdrücken lässt.

§ II.

Eigenschaften der algebraischen Functionen, welche einer gegebenen Gleichung genügen.

Es sei

$$1)\qquad c_0 + c_1 y + c_2 y^2 + \cdots + c_{r-1} y^{r-1} + y^r = 0$$

irgend eine Gleichung vom Grade r, in welcher $c_0, c_1, \ldots$ rationale Functionen von $x', x'', \ldots$ und $x', x'', \ldots$ irgend welche unabhängige Grössen sind. Wir nehmen an, dass man dieser Gleichung genügen könne, indem man an Stelle von y eine algebraische Function von $x', x'', \ldots$ setzt. Es sei

$$2)\qquad y = q_0 + p^{\frac{1}{n}} + q_1 p^{\frac{2}{n}} + \cdots + q_{n-1} p^{\frac{n-1}{n}}$$

diese Function. Substituiert man diesen Ausdruck von y in die gegebene Gleichung, so erhält man nach dem Vorhergehenden einen Ausdruck von der Form

$$3)\qquad r_0 + r_1 p^{\frac{1}{n}} + r_2 p^{\frac{2}{n}} + \cdots + r_{n-1} p^{\frac{n-1}{n}} = 0,$$

wo $r_0, r_1, r_2, \ldots, r_{n-1}$ rationale Functionen der Grössen $p, q_0, q_1, \ldots, q_{n-1}$ sind.

Ich behaupte nun, dass die Gleichung (3) nicht stattfinden kann, wofern man nicht einzeln

$$r_0 = 0,\ r_1 = 0, \ldots, r_{n-1} = 0$$

hat. Im entgegengesetzten Falle nämlich würde man, wenn man $p^{\frac{1}{n}} = z$ setzt, die beiden Gleichungen haben:

$$z^n - p = 0$$

und

$$r_0 + r_1 z + r_2 z^2 + \cdots + r_{n-1} z^{n-1} = 0,$$

welche eine oder mehrere gemeinschaftliche Wurzeln haben würden. Ist k die Anzahl dieser Wurzeln, so kann man bekanntlich eine Gleichung finden, welche die k erwähnten Wurzeln zu Wurzeln hat und deren Coefficienten rationale Functionen von $p, r_0, r_1, \ldots, r_{n-1}$ sind. Ist

$$s_0 + s_1 z + s_2 z^2 + \cdots + s_{k-1} z^{k-1} + z^k = 0$$

diese Gleichung und

$$t_0 + t_1 z + t_2 z^2 + \cdots + t_{\mu-1} z^{\mu-1} + z^\mu$$

ein Factor ihrer linken Seite, wo t_0, t_1, ... rationale Functionen von p, r_0, $r_1, \ldots, r_{n-1}$ sind, so hat man ebenfalls

$$t_0 + t_1 z + t_2 z^2 + \cdots + t_{\mu-1} z^{\mu-1} + z^\mu = 0,$$

und es ist klar, dass man voraussetzen darf, dass es unmöglich sei, eine Gleichung derselben Form von niedrigerem Grade zu finden. Diese Gleichung hat ihre μ Wurzeln gemeinschaftlich mit der Gleichung $z^n - p = 0$. Nun sind aber alle Wurzeln der Gleichung $z^n - p = 0$ von der Form αz, wo α irgend eine Wurzel der Einheit ist. Bemerkt man also, dass μ nicht kleiner sein kann als 2, weil es unmöglich ist, z als rationale Function der Grössen p, r_0, r_1, ..., r_{n-1} auszudrücken, so folgt, dass zwei Gleichungen von der Form

$$t_0 + t_1 z + t_2 z^2 + \cdots + t_{\mu-1} z^{\mu-1} + z^\mu = 0$$

und

$$t_0 + \alpha t_1 z + \alpha^2 t_2 z^2 + \cdots + \alpha^{\mu-1} t_{\mu-1} z^{\mu-1} + \alpha^\mu z^\mu = 0$$

stattfinden müssen. Aus diesen Gleichungen erhält man, wenn man z^μ eliminiert:

$$t_0(1 - \alpha^\mu) + t_1(\alpha - \alpha^\mu) z + \cdots + t_{\mu-1}(\alpha^{\mu-1} - \alpha^\mu) z^{\mu-1} = 0.$$

Da aber diese Gleichung vom Grade $\mu - 1$ und die Gleichung

$$z^\mu + t_{\mu-1} z^{\mu-1} + \cdots = 0$$

irreductibel ist und somit t_0 nicht gleich Null sein kann, so muss man $\alpha^\mu - 1 = 0$ haben, was nicht stattfindet. Es muss demnach sein:

$$r_0 = 0, \quad r_1 = 0, \quad \ldots, \quad r_{n-1} = 0.$$

Nun ist klar, dass, wenn diese Gleichungen stattfinden, die gegebene Gleichung befriedigt wird durch sämtliche Werte von y, welche man erhält, indem man $p^{\frac{1}{n}}$ sämtliche Werte $\alpha p^{\frac{1}{n}}, \alpha^2 p^{\frac{1}{n}}, \ldots, \alpha^{n-1} p^{\frac{1}{n}}$ beilegt. Man sieht leicht, dass alle diese Werte von y unter einander verschieden sind; denn im andern Falle würde man eine Gleichung von derselben Form wie (3) haben, eine solche Gleichung führt aber, wie wir eben sahen, zu Widersprüchen.

Bezeichnet man also durch $y_1, y_2, \ldots, y_n$ n verschiedene Wurzeln der Gleichung (1), so hat man:

$$\begin{aligned}
y_1 &= q_0 + p^{\frac{1}{n}} + q_2 p^{\frac{2}{n}} + \cdots + q_{n-1} p^{\frac{n-1}{n}} \\
y_2 &= q_0 + \alpha p^{\frac{1}{n}} + \alpha^2 q_2 p^{\frac{2}{n}} + \cdots + \alpha^{n-1} q_{n-1} p^{\frac{n-1}{n}} \\
&\ldots\ldots\ldots\ldots\ldots\ldots\ldots\ldots \\
y_n &= q_0 + \alpha^{n-1} p^{\frac{1}{n}} + \alpha^{n-2} q_2 p^{\frac{2}{n}} + \cdots + \alpha q_{n-1} p^{\frac{n-1}{n}}.
\end{aligned}$$

Aus diesen n Gleichungen leitet man ohne Mühe her:

$$q_0 = \frac{1}{n}(y_1 + \quad y_2 + \quad y_3 + \cdots + \quad y_n)$$
$$p^{\frac{1}{n}} = \frac{1}{n}(y_1 + \alpha^{n-1}y_2 + \alpha^{n-2}y_3 + \cdots + \alpha y_n)$$
$$q_2 p^{\frac{2}{n}} = \frac{1}{n}(y_1 + \alpha^{n-2}y_2 + \alpha^{n-3}y_3 + \cdots + \alpha^2 y_n)$$
$$\cdots\cdots\cdots\cdots\cdots\cdots$$
$$q_{n-1}p^{\frac{n-1}{n}} = \frac{1}{n}(y_1 + \quad \alpha y_2 + \quad \alpha^2 y_3 + \cdots + \alpha^{n-1}y_n).$$

Man ersieht hieraus, dass sämtliche Grössen $p^{\frac{1}{n}}$, $q_0, q_2, \ldots, q_{n-1}$ rationale Functionen der Wurzeln der gegebenen Gleichung sind. Man hat nämlich:

$$q_\mu = n^{\mu-1}\frac{y_1 + \alpha^{-\mu}y_2 + \alpha^{-2\mu}y_3 + \cdots + \alpha^{-(n-1)\mu}y_n}{(y_1 + \alpha^{-1}y_2 + \alpha^{-2}\, y_3 + \cdots + \alpha^{-(n-1)}\, y_n)^\mu}.$$

Betrachten wir nun jetzt die allgemeine Gleichung m^{ten} Grades

$$0 = a + a_1 x + a_2 x^2 + \cdots + a_{m-1}x^{m-1} + x^m$$

und nehmen wir an, sie sei algebraisch lösbar. Es sei

$$x = s_0 + v^{\frac{1}{n}} + s_2 v^{\frac{2}{n}} + \cdots + s_{n-1}v^{\frac{n-1}{n}}.$$

Nach dem Vorhergehenden lassen sich die Grössen v, s_0, s_2, ... rational durch $x_1, x_2, \ldots, x_m$ ausdrücken, wenn man mit $x_1, x_2, \ldots, x_m$ die Wurzeln der gegebenen Gleichung bezeichnet.

Betrachten wir irgend eine der Grössen $v, s_0, s_2, \ldots$, z. B. v. Bezeichnet man mit $v_1, v_2, \ldots, v_{n'}$ die verschiedenen Werte von v, welche man erhält, wenn man die Wurzeln $x_1, x_2, \ldots, x_m$ auf alle möglichen Arten mit einander vertauscht, so kann man eine Gleichung vom Grade n' bilden, deren Coefficienten rationale Functionen von $a, a_1, \ldots, a_{m-1}$ sind und deren Wurzeln die Grössen $v_1, v_2, \ldots, v_{n'}$ sind, welche rationale Functionen der Grössen $x_1, x_2, \ldots, x_m$ sind.

Setzt man also

$$v = t_0 + u^{\frac{1}{\nu}} + t_2 u^{\frac{2}{\nu}} + \cdots + t_{\nu-1}u^{\frac{\nu-1}{\nu}},$$

so sind alle Grössen $u^{\frac{1}{\nu}}$, $t_0, t_2, \ldots, t_{\nu-1}$ rationale Functionen von $v_1, v_2, \ldots, v_n$, und infolge dessen von $x_1, x_2, \ldots, x_m$. Behandelt man die Grössen $u, t_0, t_2, \ldots$ auf dieselbe Weise, so schliesst man daraus:

Wenn eine Gleichung algebraisch auflösbar ist, so kann man immer der Wurzel eine solche Form geben, dass sämtliche algebraischen Functionen, aus denen sie zusammengesetzt ist, sich ausdrücken lassen durch rationale Functionen der Wurzeln der gegebenen Gleichung.

§ III.

Über die Anzahl der verschiedenen Werte, welche eine Function von mehreren Grössen annehmen kann, wenn man die Grössen, welche sie enthält, unter einander vertauscht.

Es sei v eine rationale Function von mehreren unabhängigen Grössen $x_1, x_2, \ldots, x_n$. Die Anzahl der verschiedenen Werte, welche diese Function durch Vertauschung der Grössen, von denen sie abhängt, annehmen kann, kann das Product $1 \cdot 2 \cdot 3 \cdots n$ nicht übersteigen. Dieses Product sei μ.

Ist jetzt

$$v\begin{pmatrix}\alpha\,\beta\,\gamma\,\delta\ldots\\ a\,b\,c\,d\ldots\end{pmatrix}$$

der Wert, welchen irgend eine Function v annimmt, wenn man darin $x_a, x_b, x_c, x_d, \ldots$ für $x_\alpha, x_\beta, x_\gamma, x_\delta, \ldots$ substituiert, so ist klar, dass, wenn man mit $A_1, A_2, \ldots, A_\mu$ die μ verschiedenen Permutationen bezeichnet, welche man mit den Indices $1, 2, 3, \ldots, n$ bilden kann, die verschiedenen Werte von v dargestellt werden können durch:

$$v\begin{pmatrix}A_1\\ A_1\end{pmatrix},\; v\begin{pmatrix}A_1\\ A_2\end{pmatrix},\; v\begin{pmatrix}A_1\\ A_3\end{pmatrix},\; \ldots,\; v\begin{pmatrix}A_1\\ A_\mu\end{pmatrix}.$$

Nehmen wir an, dass die Anzahl der verschiedenen Werte von v kleiner sei als μ, so müssen mehrere Werte von v einander gleich sein, so dass man z. B. hat:

$$v\begin{pmatrix}A_1\\ A_1\end{pmatrix} = v\begin{pmatrix}A_1\\ A_2\end{pmatrix} = \cdots\cdot = v\begin{pmatrix}A_1\\ A_m\end{pmatrix}.$$

Wendet man auf diese Grössen die durch $\begin{pmatrix}A_1\\ A_{m+1}\end{pmatrix}$ bezeichnete Substitution an, so erhält man die folgende neue Reihe von gleichen Werten:

$$v\begin{pmatrix}A_1\\ A_{m+1}\end{pmatrix} = v\begin{pmatrix}A_1\\ A_{m+2}\end{pmatrix} = \cdots\cdot = v\begin{pmatrix}A_1\\ A_{2m}\end{pmatrix},$$

Werte, welche von den ersten verschieden, aber an Zahl denselben gleich sind. Verwandelt man von Neuem diese Grössen mittelst der durch $\begin{pmatrix}A_1\\ A_{2m+1}\end{pmatrix}$ bezeichneten Substitution, so erhält man ein neues System von gleichen Grössen, die jedoch von den früheren verschieden sind. Indem man dieses Verfahren weiter fortsetzt, bis man sämtliche möglichen

Permutationen erschöpft hat, so werden die μ Werte von v in mehrere Systeme zerfallen, von denen jedes eine Anzahl von m gleichen Werten enthält. Es folgt daraus, dass man, wenn man die Anzahl der verschiedenen Werte von v durch ρ, eine Zahl, die gleich derjenigen der Systeme ist, darstellt,

$$\rho m = 1 \cdot 2 \cdot 3 \cdots n$$

erhält, d. h.

Die Anzahl der verschiedenen Werte, welche eine Function von n Grössen durch alle möglichen Vertauschungen unter diesen Grössen annehmen kann, ist notwendig ein Teiler des Products $1 \cdot 2 \cdot 3 \cdots n$. Dies ist bekannt.

Es sei jetzt $\binom{A_1}{A_m}$ irgend eine Substitution. Nehmen wir an, dass man, wenn man dieselbe mehrere Male hintereinander auf die Function v anwendet, die Reihe der Werte

$$v, v_1, v_2, \ldots, v_{p-1}, v_p$$

erhalte, so ist klar, dass sich v notwendig mehrere Male wiederholen wird. Kehrt v nach p Substitutionen wieder, so sagen wir, $\binom{A_1}{A_m}$ sei eine rekurrente Substitution von der Ordnung p. Man hat daher folgende periodische Reihe:

$$v, v_1, v_2, \ldots, v_{p-1}, v, v_1, v_2, \ldots$$

oder, wenn man durch $v\binom{A_1}{A_m}^r$ den Wert von v darstellt, welchen man erhält, nachdem man die durch $\binom{A_1}{A_m}$ bezeichnete Substitution r-mal hintereinander wiederholt hat, so hat man die Reihe:

$$v\binom{A_1}{A_m}^0, \quad v\binom{A_1}{A_m}^1, \quad v\binom{A_1}{A_m}^2, \ldots, \quad v\binom{A_1}{A_m}^{p-1}, \quad v\binom{A_1}{A_m}^0, \ldots$$

Hieraus folgt:

$$v\binom{A_1}{A_m}^{\alpha p+r} = v\binom{A_1}{A_m}^r$$

$$v\binom{A_1}{A_m}^{\alpha p} = v\binom{A_1}{A_m}^0 = v.$$

Ist nun p die grösste Primzahl, welche kleiner ist als n*), so müssen, wenn die Anzahl der verschiedenen Werte von v kleiner als p ist, unter irgend welchen p Werten zwei einander gleich sein.

Es müssen also von den p Werten

$$v\binom{A_1}{A_m}^0, \quad v\binom{A_1}{A_m}^1, \quad v\binom{A_1}{A_m}^2, \ldots, \quad v\binom{A_1}{A_m}^{p-1}$$

*) Im Original heisst es irrtümlich: Soit p le plus grand nombre premier contenu dans n.

zwei einander gleich sein. Ist z. B.

$$v\binom{A_1}{A_m}^r = v\binom{A_1}{A_m}^{r'},$$

so folgt daraus:

$$v\binom{A_1}{A_m}^{r+p-r} = v\binom{A_1}{A_m}^{r'+p-r}.$$

Schreibt man r für $r'+p-r$ und beachtet man, dass $v\binom{A_1}{A_m}^p = v$ ist, so leitet man hieraus her:

$$v = v\binom{A_1}{A_m}^r,$$

wo r offenbar kein Vielfaches von p ist. Der Wert von v wird also durch die Substitution $\binom{A_1}{A_m}^r$ und somit auch durch die Wiederholung derselben Substitution nicht geändert. Man hat daher:

$$v = v\binom{A_1}{A_m}^{r\alpha},$$

wo α eine ganze Zahl ist. Ist jetzt p eine Primzahl, so kann man offenbar immer zwei ganze Zahlen α und β von der Beschaffenheit finden, dass

$$r\alpha = p\beta + 1$$

ist, mithin:

$$v = v\binom{A_1}{A_m}^{p\beta+1},$$

und da

$$v = v\binom{A_1}{A_m}^{p\beta}$$

ist, so hat man:

$$v = v\binom{A_1}{A_m}.$$

Der Wert von v wird also durch die rekurrente Substitution p^{ter} Ordnung $\binom{A_1}{A_m}$ nicht geändert.

Nun ist klar, dass

$$\binom{\alpha\beta\gamma\delta\ldots\zeta\eta}{\beta\gamma\delta\varepsilon\ldots\eta\alpha} \text{ und } \binom{\beta\gamma\delta\varepsilon\ldots\eta\alpha}{\gamma\alpha\beta\delta\ldots\zeta\eta}$$

rekurrente Substitutionen p^{ter} Ordnung sind, wenn p die Anzahl der Indices $\alpha, \beta, \gamma, \ldots, \eta$ ist. Der Wert von v wird mithin auch nicht durch die Combination dieser beiden Substitutionen geändert werden. Diese beiden Substitutionen sind augenscheinlich äquivalent der einen

$$\binom{\alpha\beta\gamma}{\gamma\alpha\beta}$$

und diese den beiden folgenden, wenn man sie nach einander anwendet:

$$\binom{\alpha\beta}{\beta\alpha} \text{ und } \binom{\beta\gamma}{\gamma\beta}.$$

Der Wert von v wird demnach durch die Verbindung dieser beiden Substitutionen nicht geändert. Folglich:

$$v = v\binom{\alpha\beta}{\beta\alpha}\binom{\beta\gamma}{\gamma\beta};$$

ebenso:

$$v = v\binom{\beta\gamma}{\gamma\beta}\binom{\gamma\delta}{\delta\gamma},$$

woraus folgt:

$$v = v\binom{\alpha\beta}{\beta\alpha}\binom{\gamma\delta}{\delta\gamma}.$$

Man ersieht hieraus, dass die Function v nicht geändert wird durch zwei aufeinanderfolgende Substitutionen von der Form $\binom{\alpha\beta}{\beta\alpha}$, wo α und β irgend welche Indices sind. Bezeichnet man eine derartige Substitution mit dem Namen „Transposition“, so kann man schliessen, dass irgend ein Wert von v durch eine gerade Anzahl von Transpositionen nicht geändert wird und dass infolge dessen alle Werte von v, welche aus einer ungeraden Anzahl von Transpositionen hervorgehen, gleich sind. Jede Vertauschung der Elemente einer Function kann mittelst einer gewissen Anzahl von Transpositionen bewerkstelligt werden; mithin kann die Function nicht mehr als zwei verschiedene Werte haben. Hieraus erhält man den folgenden **Satz**:

Die Anzahl der verschiedenen Werte, welche eine Function von n Grössen erhalten kann, kann nicht unter die grösste Primzahl, welche n nicht übersteigt, erniedrigt werden, wofern sie sich nicht auf 2 oder 1 reduciert.

Es ist somit unmöglich, eine Function von 5 Grössen zu finden, welche 3 oder 4 verschiedene Werte hätte.

Der Beweis dieses Satzes ist einer Abhandlung von Cauchy aus dem 17. Hefte des *Journal de l'École Polytechnique* S. 1 entnommen.

Sind v und v' zwei Functionen, deren jede zwei verschiedene Werte hat, so folgt aus dem Vorhergehenden, dass, wenn man diese doppelten Werte mit v_1, v_2 und v_1', v_2' bezeichnet, die beiden Ausdrücke

$$v_1 + v_2 \text{ und } v_1 v_1' + v_2 v_2'$$

symmetrische Functionen sind. Ist

$$v_1 + v_2 = t \text{ und } v_1 v_1' + v_2 v_2' = t_1,$$

so erhält man hieraus:

$$v_1 = \frac{tv_2' - t_1}{v_2' - v_1'}.$$

Ist nun die Anzahl der Grössen $x_1, x_2, \ldots, x_m$ gleich fünf, so ist das Product

$$\rho = (x_1-x_2)(x_1-x_3)(x_1-x_4)(x_1-x_5)(x_2-x_3)(x_2-x_4)(x_2-x_5)(x_3-x_4)(x_3-x_5)(x_4-x_5)$$

offenbar eine Function, welche zwei verschiedene Werte hat, indem der zweite Wert dieselbe Function mit entgegengesetztem Vorzeichen ist. Setzt man also $v_1' = \rho$, so wird $v_2' = -\rho$. Der Ausdruck von v_1 ist demnach:

$$v_1 = \frac{t_1 + \rho t}{2\rho}$$

oder:

$$v_1 = \tfrac{1}{2}t + \frac{t_1}{2\rho^2}\rho,$$

wo $\frac{1}{2}t$ eine symmetrische Function ist; ρ hat zwei Werte, die sich nur durch das Vorzeichen unterscheiden, so dass $\frac{t_1}{2\rho^2}$ ebenfalls eine symmetrische Function ist. Setzt man also $\frac{1}{2}t = p$ und $\frac{t_1}{2\rho^2} = q$, so folgt:

Jede Function von fünf Grössen, welche zwei verschiedene Werte hat, kann auf die Form $p + q\rho$ gebracht werden, wo p und q zwei symmetrische Functionen sind und $\rho = (x_1 - x_2)(x_1 - x_3) \ldots (x_4 - x_5)$ ist.

Um unser Ziel zu erreichen, bedürfen wir noch der *allgemeinen Form der Functionen von fünf Grössen, welche fünf verschiedene Werte haben.* Man kann sie folgendermassen finden:

Es sei v eine rationale Function der Grössen x_1, x_2, x_3, x_4, x_5, welche die Eigenschaft hat, sich nicht zu ändern, wenn man vier von den fünf Grössen, z. B. x_2, x_3, x_4, x_5, unter einander vertauscht. Unter dieser Bedingung wird offenbar v symmetrisch sein in Bezug auf x_2, x_3, x_4, x_5. Man kann somit v ausdrücken durch eine rationale Function von x_1 und durch symmetrische Functionen von x_2, x_3, x_4, x_5. Jede symmetrische Function dieser Grössen aber lässt sich ausdrücken durch eine rationale Function der Coefficienten einer Gleichung vierten Grades, deren Wurzeln x_2, x_3, x_4, x_5 sind. Setzt man also:

$$(x - x_2)(x - x_3)(x - x_4)(x - x_5) = x^4 - px^3 + qx^2 - rx + s,$$

so lässt sich die Function v rational durch x, p, q, r, s ausdrücken. Wenn man aber

$$(x - x_1)(x - x_2)(x - x_3)(x - x_4)(x - x_5) = x^5 - ax^4 + bx^3 - cx^2 + dx - e$$

setzt, so hat man:

$$(x - x_1)(x^4 - px^3 + qx^2 - rx + s) = x^5 - ax^4 + bx^3 - cx^2 + dx - e$$
$$= x^5 - (p + x_1)x^4 + (q + px_1)x^3 - (r + qx_1)x^2 + (s + rx_1)x - sx_1,$$

woraus folgt:

$$\begin{aligned} p &= a - x_1 \\ q &= b - ax_1 + x_1^2 \\ r &= c - bx_1 + ax_1^2 - x_1^3 \\ s &= d - cx_1 + bx_1^2 - ax_1^3 + x_1^4. \end{aligned}$$

Die Function v lässt sich also rational durch x_1, a, b, c, d ausdrücken.

Hieraus folgt, dass die Function v unter die Form gesetzt werden kann:

$$v = \frac{t}{\varphi(x_1)},$$

wo t und $\varphi(x_1)$ zwei ganze Functionen von x_1, a, b, c, d sind. Multipliciert man Zähler und Nenner dieser Function mit $\varphi(x_2) \cdot \varphi(x_3) \cdot \varphi(x_4) \cdot \varphi(x_5)$, so erhält man:

$$v = \frac{t \cdot \varphi(x_2) \cdot \varphi(x_3) \cdot \varphi(x_4) \cdot \varphi(x_5)}{\varphi(x_1) \cdot \varphi(x_2) \cdot \varphi(x_3) \cdot \varphi(x_4) \cdot \varphi(x_5)}.$$

Nun ist, wie man sieht, $\varphi(x_2) \cdot \varphi(x_3) \cdot \varphi(x_4) \cdot \varphi(x_5)$ eine ganze und symmetrische Function von x_2, x_3, x_4, x_5. Man kann demnach dieses Product als ganze Function von p, q, r, s und somit als ganze Function von x_1, a, b, c, d darstellen. Der Zähler des obigen Bruches ist daher eine ganze Function der nämlichen Grössen; der Nenner ist eine symmetrische Function von x_1, x_2, x_3, x_4, x_5 und demnach als rationale Function von a, b, c, d, e ausdrückbar. Man kann mithin setzen:

$$v = r_0 + r_1 x_1 + r_2 x_1^2 + \cdots + r_m x_1^m.$$

Multipliciert man die Gleichung

$$x_1^5 = ax_1^4 - bx_1^3 + cx_1^2 - dx_1 + e$$

der Reihe nach mit x_1, x_1^2, ..., x_1^{m-5}, so ist klar, dass man $m - 4$ Gleichungen erhält, aus denen man für x_1^5, x_1^6, ..., x_1^m Ausdrücke von der Form

$$\alpha + \beta x_1 + \gamma x_1^2 + \delta x_1^3 + \varepsilon x_1^4$$

herleiten kann, wo α, β, γ, δ, ε rationale Functionen von a, b, c, d, e sind.

Man kann somit v auf die Form bringen:

$$\text{(a)} \qquad v = r_0 + r_1 x_1 + r_2 x_1^2 + r_3 x_1^3 + r_4 x_1^4,$$

wo r_0, r_1, r_2, ... rationale Functionen von a, b, c, d, e d. h. symmetrische Functionen von x_1, x_2, x_3, x_4, x_5 sind.

Wir haben hiermit die allgemeine Form der Functionen, welche nicht geändert werden, wenn man darin die Grössen x_2, x_3, x_4, x_5 unter einander vertauscht. Sie haben entweder fünf verschiedene Werte oder sie sind symmetrisch.

Es sei jetzt v eine rationale Function von x_1, x_2, x_3, x_4, x_5, welche die folgenden fünf Werte haben möge: v_1, v_2, v_3, v_4, v_5. Betrachten wir die Function $x_1^m v$. Vertauscht man darin die vier Grössen x_2, x_3, x_4, x_5 auf alle möglichen Arten unter einander, so wird die Function $x_1^m v$ stets einen der folgenden Werte haben:

$$x_1^m v_1,\quad x_1^m v_2,\quad x_1^m v_3,\quad x_1^m v_4,\quad x_1^m v_5.$$

Ich behaupte aber, dass die Anzahl der verschiedenen Werte von $x_1^m v$, welche aus diesen Vertauschungen sich ergeben, kleiner als fünf ist. Wenn nämlich alle fünf Werte stattfänden, so würde man, indem man x_1 der Reihe nach mit x_2, x_3, x_4, x_5 vertauscht, aus diesen Werten 20 neue Werte erhalten, die notwendig unter einander und von den vorigen verschieden wären. Die Function würde also im Ganzen 25 verschiedene Werte haben, was unmöglich ist, da 25 kein Teiler des Productes $1 \cdot 2 \cdot 3 \cdot 4 \cdot 5$ ist. Bezeichnet man also mit μ die Anzahl der Werte, welche v annehmen kann, wenn man darin die Grössen x_2, x_3, x_4, x_5 auf alle möglichen Arten unter einander vertauscht, so muss μ einen der vier folgenden Werte haben: 1, 2, 3, 4.

1. Ist $\mu = 1$, so ist dem Vorhergehenden zufolge v von der Form (a).

2. Ist $\mu = 4$, so ist die Summe $v_1 + v_2 + v_3 + v_4$ eine Function von der Form (a). Man hat aber:

$$v_5 = (v_1 + v_2 + v_3 + v_4 + v_5) - (v_1 + v_2 + v_3 + v_4) = \text{einer symmetrischen Function weniger } (v_1 + v_2 + v_3 + v_4);$$

demnach ist v_5 von der Form (a).

3. Ist $\mu = 2$, so ist $v_1 + v_2$ eine Function von der Form (a). Es sei also:

$$v_1 + v_2 = r_0 + r_1 x_1 + r_2 x_1^2 + r_3 x_1^3 + r_4 x_1^4 = \varphi(x_1).$$

Vertauscht man darin der Reihe nach x_1 mit x_2, x_3, x_4, x_5, so erhält man:

$$\begin{aligned} v_1 &+ v_2 = \varphi(x_1) \\ v_2 &+ v_3 = \varphi(x_2) \\ &\cdots\cdots\cdots \\ v_{m-1} &+ v_m = \varphi(x_{m-1}) \\ v_m &+ v_1 = \varphi(x_m), \end{aligned}$$

wo m eine der Zahlen 2, 3, 4, 5 ist. Für $m = 2$ hat man $\varphi(x_1) = \varphi(x_2)$, was unmöglich ist, da die Anzahl der Werte von $\varphi(x_1)$ gleich fünf sein soll. Für $m = 3$ hat man:

$$v_1 + v_2 = \varphi(x_1),\ v_2 + v_3 = \varphi(x_2),\ v_3 + v_1 = \varphi(x_3),$$

woraus folgt:

$$2v_1 = \varphi(x_1) - \varphi(x_2) + \varphi(x_3).$$

Die rechte Seite dieser Gleichung aber hat mehr als fünf Werte, nämlich dreissig. Auf dieselbe Weise zeigt man, dass m nicht gleich 4 oder gleich 5 sein kann. Es folgt daraus, dass μ nicht gleich 2 ist.

4. Es sei $\mu = 3$. In diesem Falle hat $v_1 + v_2 + v_3$ und demnach $v_4 + v_5 = (v_1 + v_2 + v_3 + v_4 + v_5) - (v_1 + v_2 + v_3)$ fünf Werte. Wir haben aber eben gesehen, dass diese Annahme unzulässig ist. Folglich kann μ auch nicht gleich 3 sein.

Aus allem diesen ergiebt sich der **Satz:**

Jede rationale Function von fünf Grössen, welche fünf verschiedene Werte hat, wird notwendig die Form haben:

$$r_0 + r_1 x + r_2 x^2 + r_3 x^3 + r_4 x^4,$$

wo r_0, r_1, r_2, r_3, r_4 symmetrische Functionen sind und x irgend eine der fünf Grössen ist.

Aus der Gleichung

$$r_0 + r_1 x + r_2 x^2 + r_3 x^3 + r_4 x^4 = v$$

leitet man leicht unter Benutzung der gegebenen Gleichung für den Wert von x einen Ausdruck von der folgenden Form her:

$$x = s_0 + s_1 v + s_2 v^2 + s_3 v^3 + s_4 v^4,$$

wo $s_0, s_1, s_2, \ldots$ ebenso wie $r_0, r_1, r_2, \ldots$ symmetrische Functionen sind.

Es sei v eine rationale Function, welche m verschiedene Werte $v_1, v_2, v_3, \ldots, v_m$ haben möge. Setzt man:

$$(v - v_1)(v - v_2)(v - v_3) \ldots . (v - v_m)$$
$$= q_0 + q_1 v + q_2 v^2 + \cdots + q_{m-1} v^{m-1} + v^m = 0,$$

so sind bekanntlich $q_0, q_1, q_2, \ldots$ symmetrische Functionen und $v_1, v_2, v_3, \ldots, v_m$ die m Wurzeln der Gleichung. Ich behaupte nun, dass es unmöglich ist, den Wert von v als Wurzel einer Gleichung von derselben Form, aber von niedrigerem Grade darzustellen. Ist nämlich

$$t_0 + t_1 v + t_2 v^2 + \cdots + t_{\mu-1} v^{\mu-1} + v^\mu = 0$$

eine solche Gleichung, wo $t_0, t_1, \ldots$ symmetrische Functionen sind, und ist v_1 ein Wert von v, welcher dieser Gleichung genügt, so hat man:

$$v^\mu + t_{\mu-1} v^{\mu-1} + \cdots = (v - v_1) P_1.$$

Vertauscht man die Elemente der Function unter einander, so findet man die folgende Reihe von Gleichungen:

$$v^\mu + t_{\mu-1} v^{\mu-1} + \cdots = (v - v_2)\ P_2$$
$$v^\mu + t_{\mu-1} v^{\mu-1} + \cdots = (v - v_3)\ P_3$$
$$\cdots\cdots\cdots\cdots\cdots$$
$$v^\mu + t_{\mu-1} v^{\mu-1} + \cdots = (v - v_m) P_m.$$

Man schliesst hieraus, dass $v - v_1, v - v_2, v - v_3, \ldots, v - v_m$ Factoren von $v^\mu + t_{\mu-1} v^{\mu-1} + \cdots$ sind und dass demzufolge notwendig μ gleich m sein muss. Man erhält somit den folgenden **Satz:**

Wenn eine Function von mehreren Grössen m verschiedene Werte hat, so kann man immer eine Gleichung vom Grade m finden, deren Coefficienten symmetrische Functionen sind und die diese Werte zu Wurzeln hat; es ist jedoch unmöglich, eine Gleichung von derselben Form, aber von niedrigerem Grade zu finden, welche einen oder mehrere dieser Werte zu Wurzeln hätte.

§ IV.

Beweis der Unmöglichkeit der allgemeinen Auflösung der Gleichung vom fünften Grade.

Auf Grund der oben gefundenen Sätze kann man den folgenden **Satz** aussprechen:

Es ist unmöglich, die Gleichungen fünften Grades allgemein aufzulösen.

Nach § II lassen sich alle algebraischen Functionen, aus denen ein algebraischer Ausdruck der Wurzeln zusammengesetzt ist, durch rationale Functionen der Wurzeln der gegebenen Gleichung ausdrücken.

Da es unmöglich ist, die Wurzel einer Gleichung durch eine rationale Function der Coefficienten allgemein auszudrücken, so muss man haben:

$$R^{\frac{1}{m}} = v,$$

wo m eine Primzahl und R eine rationale Function der Coefficienten der gegebenen Gleichung d. h. eine symmetrische Function der Wurzeln ist; v ist eine rationale Function der Wurzeln. Man schliesst daraus:

$$v^m - R = 0.$$

Zufolge § II ist es unmöglich, den Grad dieser Gleichung zu erniedrigen; mithin muss die Function v nach dem letzten Satze des vorigen Paragraphen m verschiedene Werte haben. Da die Anzahl m dieser Werte ein Teiler des Products $1 \cdot 2 \cdot 3 \cdot 4 \cdot 5$ sein muss, so kann diese Zahl gleich 2 oder gleich 3 oder gleich 5 sein. Nun existiert aber (§ III) keine Function von fünf Veränderlichen, welche 3 Werte hätte; folglich muss man $m = 5$ oder $m = 2$ haben. Ist $m = 5$, so hat man, wie sich aus dem vorigen Paragraphen ergiebt:

$$\sqrt[5]{R} = r_0 + r_1 x + r_2 x^2 + r_3 x^3 + r_4 x^4,$$

woraus

$$x = s_0 + s_1 R^{\frac{1}{5}} + s_2 R^{\frac{2}{5}} + s_3 R^{\frac{3}{5}} + s_4 R^{\frac{4}{5}}.$$

Hieraus leitet man ab (§ II):

$$s_1 R^{\frac{1}{5}} = \frac{1}{5}(x_1 + \alpha^4 x_2 + \alpha^3 x_3 + \alpha^2 x_4 + \alpha x_5),$$

wo $\alpha^5 = 1$ ist. Diese Gleichung ist unmöglich, insofern die rechte Seite 120 Werte hat und dieselbe trotzdem Wurzel einer Gleichung fünften Grades $z^5 - s_1{}^5 R = 0$ sein soll. Man muss demnach $m = 2$ haben.

Man hat daher (§ II):

$$\sqrt{R} = p + qs,$$

wo p und q symmetrische Functionen sind und

$$s = (x_1 - x_2) \ldots (x_4 - x_5)$$

ist. Hieraus erhält man, wenn man x_1 und x_2 mit einander vertauscht:

$$-\sqrt{R} = p - qs,$$

woraus $p = 0$ und $\sqrt{R} = qs$ folgt. Man sieht hieraus, dass jede algebraische Function erster Ordnung, welche sich in dem Ausdruck der Wurzel vorfindet, notwendig die Form $\alpha + \beta\sqrt{s^2} = \alpha + \beta s$ haben muss, wo α und β symmetrische Functionen sind. Es ist nun aber unmöglich, die Wurzeln durch eine Function von der Form $\alpha + \beta\sqrt{R}$ auszudrücken; mithin muss eine Gleichung von der Form stattfinden:

$$\sqrt[m]{\alpha + \beta\sqrt{s^2}} = v,$$

wo α und β nicht Null sind, m eine Primzahl ist, α und β symmetrische Functionen sind und v eine rationale Function der Wurzeln ist. Dies giebt:

$$\sqrt[m]{\alpha + \beta s} = v_1, \quad \sqrt[m]{\alpha - \beta s} = v_2,$$

wo v_1 und v_2 rationale Functionen sind. Multipliciert man v_1 mit v_2, so erhält man:

$$v_1 v_2 = \sqrt[m]{\alpha^2 - \beta^2 s^2}.$$

Nun ist $\alpha^2 - \beta^2 s^2$ eine symmetrische Function. Wenn also $\sqrt[m]{\alpha^2 - \beta^2 s^2}$ keine symmetrische Funktion ist, so muss dem Vorhergehenden zufolge die Zahl $m=2$ sein. In diesem Falle aber ist $v = \sqrt{\alpha + \beta\sqrt{s^2}}$; v hat demnach vier Werte, was unmöglich ist.

Somit muss $\sqrt[m]{\alpha^2 - \beta^2 s^2}$ eine symmetrische Function sein. Ist γ diese Function, so hat man:

$$v_1 v_2 = \gamma \text{ und } v_2 = \frac{\gamma}{v_1}.$$

Es sei

$$v_1 + v_2 = \sqrt[m]{\alpha + \beta\sqrt{s^2}} + \frac{\gamma}{\sqrt[m]{\alpha + \beta\sqrt{s^2}}} = p$$

$$= \sqrt[m]{R} + \frac{\gamma}{\sqrt[m]{R}}$$

$$= R^{\frac{1}{m}} + \frac{\gamma}{R} R^{\frac{m-1}{m}}.$$

Bezeichnet man mit $p_1, p_2, p_3, \ldots, p_m$ die verschiedenen Werte von p, welche sich aus der successiven Substitution von $\alpha R^{\frac{1}{m}}$, $\alpha^2 R^{\frac{1}{m}}$, $\alpha^3 R^{\frac{1}{m}}, \ldots,$ $\alpha^{m-1} R^{\frac{1}{m}}$ für $R^{\frac{1}{m}}$ ergeben, wo α der Gleichung

$$\alpha^{m-1} + \alpha^{m-2} + \cdots + \alpha + 1 = 0$$

genügt, und setzt man das Product

$$(p - p_1)(p - p_2) \cdots (p - p_m) = p^m - Ap^{m-1} + A_1 p^{m-2} - \cdots = 0,$$

so sieht man ohne Schwierigkeit, dass A, A_1, ... rationale Functionen der Coefficienten der gegebenen Gleichung und infolge dessen symmetrische Functionen der Wurzeln sind. Diese Gleichung ist augenscheinlich irreductibel. Es muss somit p, dem letzten Satze des vorigen Paragraphen zufolge, als Function der Wurzeln betrachtet, m verschiedene Werte haben. Daraus folgt, dass $m = 5$ ist. In diesem Falle aber ist p von der Form (a) des vorigen Paragraphen. Mithin hat man:

$$\sqrt[5]{R} + \frac{\gamma}{\sqrt[5]{R}} = r_0 + r_1 x + r_2 x^2 + r_3 x^3 + r_4 x^4 = p,$$

woraus folgt:

$$x = s_0 + s_1 p + s_2 p^2 + s_3 p^3 + s_4 p^4,$$

d. h. indem man $R^{\frac{1}{5}} + \frac{\gamma}{R} R^{\frac{4}{5}}$ für p setzt:

$$x = t_0 + t_1 R^{\frac{1}{5}} + t_2 R^{\frac{2}{5}} + t_3 R^{\frac{3}{5}} + t_4 R^{\frac{4}{5}},$$

wo t_0, t_1, t_2, ... rationale Functionen von R und den Coefficienten der gegebenen Gleichung sind. Hieraus erhält man (§ II):

$$t_1 R^{\frac{1}{5}} = \tfrac{1}{5}(x_1 + \alpha^4 x_2 + \alpha^3 x_3 + \alpha^2 x_4 + \alpha x_5) = p',$$

wo

$$\alpha^4 + \alpha^3 + \alpha^2 + \alpha + 1 = 0$$

ist. Aus der Gleichung $p' = t_1 R^{\frac{1}{5}}$ ergiebt sich $p'^5 = t_1{}^5 R$. Da nun $t_1{}^5 R$ von der Form $u + u'\sqrt{s^2}$ ist, so hat man $p'^5 = u + u'\sqrt{s^2}$, und dies giebt:

$$(p'^5 - u)^2 = u'^2 s^2.$$

Diese Gleichung giebt p' durch eine Gleichung zehnten Grades, deren sämtliche Coefficienten symmetrische Functionen sind; nach dem letzten Satze des vorigen Paragraphen ist dies aber unmöglich, denn da

$$p' = \frac{1}{5}(x_1 + \alpha^4 x_2 + \alpha^3 x_3 + \alpha^2 x_4 + \alpha x_5)$$

ist, so würde p' 120 verschiedene Werte haben, und dies ist ein Widerspruch.

Wir schliessen also, dass es unmöglich ist, die allgemeine Gleichung fünften Grades algebraisch aufzulösen.

Aus diesem Satze folgt unmittelbar, dass es ebenso unmöglich ist, die allgemeinen Gleichungen von höherem als dem fünften Grade algebraisch aufzulösen. Mithin sind die Gleichungen der vier ersten Grade die einzigen, welche allgemein algebraisch gelöst werden können.

Abhandlung über eine besondere Klasse algebraisch auflösbarer Gleichungen.

(Crelle's Journal f. d. r. u. a. Mathematik, Bd. 4, 1829. Oeuvres complètes, 1881, Bd. I S. 478).

Obwohl die algebraische Auflösung der Gleichungen im Allgemeinen nicht möglich ist, giebt es doch besondere Gleichungen aller Grade, welche eine solche Auflösung zulassen. Dieser Art sind zum Beispiel die Gleichungen von der Form $x^n - 1 = 0$. Die Auflösung dieser Gleichungen gründet sich auf gewisse Beziehungen, welche zwischen den Wurzeln stattfinden. Ich habe versucht, diese Methode zu verallgemeinern, indem ich annahm, dass zwei Wurzeln einer gegebenen Gleichung derart mit einander verbunden seien, dass man sie rational durch einander ausdrücken könne, und ich bin zu dem Resultat gekommen, dass eine solche Gleichung stets mit Hülfe einer gewissen Anzahl von Gleichungen niedrigeren Grades gelöst werden kann. Es giebt sogar Fälle, in denen man die gegebene Gleichung selbst algebraisch auflösen kann. Dies ist z. B. allemal der Fall, wenn die gegebene Gleichung irreductibel und ihr Grad eine Primzahl ist. Dasselbe gilt auch, wenn sämtliche Wurzeln einer Gleichung ausgedrückt werden können durch

$$x, \ \vartheta x, \ \vartheta^2 x, \ \vartheta^3 x, \ \ldots, \ \vartheta^{n-1} x, \quad \text{wo } \vartheta^n x = x,$$

falls ϑx eine rationale Function von x ist und $\vartheta^2 x, \vartheta^3 x, \ldots$ Functionen von derselben Form wie ϑx sind bei zweimaliger, dreimaliger, ... Wiederholung dieser Operation.

Die Gleichung $\frac{x^n - 1}{x - 1} = 0$, wo n eine Primzahl ist, befindet sich in diesem Falle; denn bezeichnet man mit α eine primitive Wurzel für den Modul n, so kann man, wie bekannt, die $n - 1$ Wurzeln ausdrücken durch

$$x, \ x^{\alpha}, \ x^{\alpha^2}, \ x^{\alpha^3}, \ \ldots, \ x^{\alpha^{n-2}}, \quad \text{wo } x^{\alpha^{n-1}} = x,$$

d. h., wenn man $x^{\alpha} = \vartheta x$ setzt, durch

$$x, \ \vartheta x, \ \vartheta^2 x, \ \vartheta^3 x, \ \ldots, \ \vartheta^{n-2} x, \quad \text{wo } \vartheta^{n-1} x = x.$$

Die nämliche Eigenschaft kommt einer gewissen Klasse von Gleichungen zu, auf die ich durch die Theorie der elliptischen Functionen geführt worden bin.

Allgemein habe ich den folgenden **Satz** bewiesen:

Wenn die Wurzeln einer Gleichung beliebigen Grades unter einander derart verbunden sind, dass sich diese sämtlichen Wurzeln rational mittelst einer von ihnen, die wir mit x bezeichnen, ausdrücken lassen; wenn man ferner, falls durch ϑx, $\vartheta_1 x$ zwei beliebige andere Wurzeln bezeichnet werden,

$$\vartheta\vartheta_1 x = \vartheta_1\vartheta x$$

hat, so ist die betreffende Gleichung immer algebraisch auflösbar. Ebenso kann man, wenn man annimmt, dass die Gleichung irreductibel sei und ihr Grad ausgedrückt werde durch

$$\alpha_1^{\nu_1} \cdot \alpha_2^{\nu_2} \cdot \ldots \cdot \alpha_\omega^{\nu_\omega},$$

wo $\alpha_1, \alpha_2, \ldots, \alpha_\omega$ von einander verschiedene Primzahlen sind, die Auflösung dieser Gleichung zurückführen auf diejenige von ν_1 Gleichungen vom Grade α_1, ν_2 Gleichungen vom Grade α_2, ν_3 Gleichungen vom Grade α_3 u. s. w.

Nachdem ich diese Theorie allgemein dargestellt haben werde, werde ich sie auf die Kreisfunctionen und auf die elliptischen Functionen anwenden.

§ 1.

Wir wollen zunächst den Fall betrachten, wo vorausgesetzt wird, dass zwei Wurzeln einer irreductiblen *) Gleichung derart mit einander verbunden seien, dass man die eine rational durch die andere ausdrücken könne.

Es sei

$$1) \qquad \varphi(x) = 0$$

eine Gleichung vom Grade μ und x' und x_1 die beiden Wurzeln, welche unter einander durch die Gleichung

$$2) \qquad x' = \vartheta x_1$$

verbunden sind, wo ϑx eine rationale Function von x und von bekannten Grössen bezeichnet. Da die Grösse x' eine Wurzel der Gleichung ist, so hat man $\varphi(x') = 0$ und zufolge der Gleichung (2):

$$3) \qquad \varphi(\vartheta x_1) = 0.$$

---

*) Eine Gleichung $\varphi(x) = 0$, deren Coefficienten rationale Functionen einer gewissen Anzahl von bekannten Grössen $a, b, c, \ldots$ sind, heisst irreductibel, wenn es unmöglich ist, irgend eine ihrer Wurzeln durch eine Gleichung niedrigeren Grades, deren Coefficienten ebenfalls rationale Functionen von $a, b, c, \ldots$ sind, auszudrücken.

Ich behaupte jetzt, dass diese Gleichung noch stattfinden wird, wenn man an Stelle von x_1 irgend eine andere Wurzel der gegebenen Gleichung setzt. Man hat in der That den folgenden Satz*):

Satz I. Wenn eine der Wurzeln einer irreductiblen Gleichung $\varphi(x)=0$ einer andern Gleichung $f(x)=0$ genügt, wo $f(x)$ eine rationale Function von x und der in $\varphi(x)$ enthaltenen bekannten Grössen ist, so wird diese Gleichung auch noch befriedigt werden, wenn man für x eine beliebige Wurzel der Gleichung $\varphi(x)=0$ setzt.

Die linke Seite der Gleichung (3) ist nun eine rationale Function von x, mithin hat man:

$$4)\qquad \varphi(\vartheta x)=0 \text{ wenn } \varphi(x)=0$$

ist, d. h. wenn x eine Wurzel der Gleichung $\varphi(x)=0$ ist, so ist es die Grösse ϑx ebenfalls.

Dem Vorhergehenden zufolge ist also jetzt ϑx_1 eine Wurzel der Gleichung $\varphi(x)=0$, mithin ist auch $\vartheta\vartheta x_1$ eine solche; ebenso werden $\vartheta\vartheta\vartheta x_1, \ldots$ Wurzeln sein, wenn man die durch ϑ bezeichnete Operation beliebig oft wiederholt.

Ist zur Abkürzung

$$\vartheta\vartheta x_1=\vartheta^2 x_1,\ \vartheta\vartheta^2 x_1=\vartheta^3 x_1,\ \vartheta\vartheta^3 x_1=\vartheta^4 x_1, \ldots,$$

so hat man eine Reihe von Grössen

$$5)\qquad x_1,\ \vartheta x_1,\ \vartheta^2 x_1,\ \vartheta^3 x_1,\ \vartheta^4 x_1, \ldots,$$

welche sämtlich Wurzeln der Gleichung $\varphi(x)=0$ sind. Die Reihe (5) enthält unendlich viele Glieder; da aber die Gleichung $\varphi(x)=0$ nur eine endliche Anzahl von verschiedenen Wurzeln hat, so müssen mehrere Grössen der Reihe (5) einander gleich sein.

---

*) Man beweist diesen Satz leicht folgendermassen.

Welches auch die rationale Function $f(x)$ sein möge, man kann immer $f(x)=\frac{M}{N}$ setzen, wo M und N ganze Functionen von x sind, die keinen gemeinsamen Factor besitzen; eine ganze Function von x aber kann stets auf die Form $P+Q\varphi(x)$ gebracht werden, wo P und Q ganze Functionen sind, derart, dass der Grad von P kleiner als derjenige der Function $\varphi(x)$ ist. Setzt man also $M=P+Q\varphi(x)$, so hat man $f(x)=\frac{P+Q\varphi(x)}{N}$. Ist hiernach x_1 die Wurzel von $\varphi(x)=0$, welche gleichzeitig der Gleichung $f(x)=0$ genügt, so wird x_1 auch eine Wurzel der Gleichung $P=0$ sein. Wenn nun P nicht Null wäre für einen beliebigen Wert von x, so würde diese Gleichung x_1 geben als Wurzel einer Gleichung niedrigeren Grades als der von $\varphi(x)=0$, was gegen die Voraussetzung ist. Mithin ist $P=0$ und somit $f(x)=\varphi(x)\frac{Q}{N}$, woraus man sieht, dass $f(x)$ gleichzeitig mit $\varphi(x)$ gleich Null ist, w. z. b. w.

Wir setzen also

$$\vartheta^m x_1 = \vartheta^{m+n} x_1,$$

oder

$$6)\qquad \vartheta^n(\vartheta^m x_1) - \vartheta^m x_1 = 0,$$

wenn man bedenkt, dass $\vartheta^{m+n} x_1 = \vartheta^n \vartheta^m x_1$ ist.

Die linke Seite der Gleichung (6) ist eine rationale Funktion von $\vartheta^m x_1$; nun ist aber diese Grösse eine Wurzel der Gleichung $\varphi(x) = 0$, mithin kann man dem oben ausgesprochenen Satze zufolge x_1 an die Stelle von $\vartheta^m x_1$ setzen. Dies giebt

$$7)\qquad \vartheta^n x_1 = x_1,$$

wobei man annehmen kann, dass n den kleinstmöglichen Wert besitze, so dass sämtliche Grössen

$$8)\qquad x_1,\ \vartheta x_1,\ \vartheta^2 x_1, \ldots, \vartheta^{n-1} x_1$$

unter einander verschieden sind.

Die Gleichung (7) giebt:

$$\vartheta^k \vartheta^n x_1 = \vartheta^k x_1 \text{ oder } \vartheta^{n+k} x_1 = \vartheta^k x_1.$$

Diese Formel zeigt, dass von dem Gliede $\vartheta^{n-1} x_1$ an die Glieder der Reihe (8) sich in derselben Reihenfolge wieder hervorbringen. Die n Grössen (8) werden somit die einzigen der Reihe (5) sein, welche unter einander verschieden sind.

Dies vorausgeschickt, sei, falls $\mu > n$, x_2 eine andere Wurzel der gegebenen Gleichung, welche nicht in der Reihe (8) enthalten ist. Dann folgt aus dem Satze I, dass sämtliche Grössen

$$9)\qquad x_2,\ \vartheta x_2,\ \vartheta^2 x_2, \ldots, \vartheta^{n-1} x_2, \ldots$$

ebenfalls Wurzeln der gegebenen Gleichung sind. Ich behaupte nun, dass diese Reihe nur n unter sich und von den Grössen (8) verschiedene Grössen enthält. Denn da $\vartheta^n x_1 - x_1 = 0$ ist, so hat man dem Satz I zufolge $\vartheta^n x_2 = x_2$ und ferner:

$$\vartheta^{n+k} x_2 = \vartheta^k x_2.$$

Mithin werden die einzigen Grössen der Reihe (9), welche unter sich verschieden sein können, die n ersten sein:

$$10)\qquad x_2,\ \vartheta x_2,\ \vartheta^2 x_2, \ldots, \vartheta^{n-1} x_2.$$

Diese sind aber notwendig unter sich und von den Grössen (8) verschieden. Denn wenn man

$$\vartheta^m x_2 = \vartheta^\nu x_2$$

hätte, wo m und ν kleiner als n sind, so würde daraus $\vartheta^m x_1 = \vartheta^\nu x_1$ folgen, was unmöglich ist, da alle Grössen (8) unter einander verschieden sind. Wenn man andrerseits

$$\vartheta^m x_2 = \vartheta^\nu x_1$$

hätte, so würde sich daraus ergeben:

$$\vartheta^{n-m}\vartheta^\nu x_1 = \vartheta^{n-m}\vartheta^m x_2 = \vartheta^{n-m+m} x_2 = \vartheta^n x_2 = x_2,$$

also:

$$x_2 = \vartheta^{n-m+\nu} x_1,$$

d. h. die Wurzel x_2 würde in der Reihe (8) enthalten sein, was gegen die Voraussetzung ist.

Die Anzahl der in (8) und (10) enthaltenen Wurzeln ist $2n$, mithin ist μ entweder gleich $2n$ oder grösser als diese Zahl.

Ist in dem letzteren Falle x_3 eine von den Wurzeln (8) und (10) verschiedene Wurzel, so erhält man eine neue Reihe von Wurzeln

$$x_3,\ \vartheta x_3,\ \vartheta^2 x_3,\ \ldots,\ \vartheta^{n-1} x_3,\ \ldots$$

und beweist auf genau dieselbe Weise, dass die n ersten von diesen Wurzeln unter sich und von den Wurzeln (8) und (10) verschieden sind.

Indem man dieses Verfahren fortsetzt, bis sämtliche Wurzeln der Gleichung $\varphi(x) = 0$ erschöpft sind, sieht man, dass die μ Wurzeln dieser Gleichung in mehrere Gruppen zerfallen, von denen jede aus n Gliedern zusammengesetzt ist. Mithin ist μ teilbar durch n und nennt man m die Anzahl der Gruppen, so hat man:

$$\mu = m \cdot n. \tag{11}$$

Die Wurzeln selbst sind:

$$\left\{\begin{array}{lllll} x_1, & \vartheta x_1, & \vartheta^2 x_1, & \ldots, & \vartheta^{n-1} x_1 \\ x_2, & \vartheta x_2, & \vartheta^2 x_2, & \ldots, & \vartheta^{n-1} x_2 \\ x_3, & \vartheta x_3, & \vartheta^2 x_3, & \ldots, & \vartheta^{n-1} x_3 \\ \cdot & \cdot & \cdot & \cdot & \cdot \\ x_m, & \vartheta x_m, & \vartheta^2 x_m, & \ldots, & \vartheta^{n-1} x_m. \end{array}\right. \tag{12}$$

Ist $m = 1$, so hat man $\mu = n$ und die μ Wurzeln der Gleichung $\varphi(x) = 0$ werden dargestellt durch

$$x_1,\ \vartheta x_1,\ \vartheta^2 x_1,\ \ldots,\ \vartheta^{\mu-1} x_1. \tag{13}$$

In diesem Falle ist die Gleichung $\varphi(x) = 0$ algebraisch auflösbar, wie man nachher sehen wird. Dies ist jedoch nicht immer der Fall, wenn m grösser als die Einheit ist. Man kann die Auflösung der Gleichung $\varphi(x) = 0$ nur zurückführen auf diejenige einer Gleichung vom n^{ten} Grade, deren Coefficienten von einer Gleichung m^{ten} Grades abhängen. Dies wollen wir im nächsten Paragraphen beweisen.

§ 2.

Betrachten wir irgend eine der Gruppen (12), z. B. die erste, und setzen wir:

$$14)\quad \begin{aligned}&(x-x_1)(x-\vartheta x_1)(x-\vartheta^2 x_1)\ldots(x-\vartheta^{n-1}x_1)\\ &=x^n+A_1'x^{n-1}+A_1''x^{n-2}+\cdots+A_1^{(n-1)}x+A_1^{(n)}=0,\end{aligned}$$

so sind die Wurzeln dieser Gleichung

$$x_1,\ \vartheta x_1,\ \vartheta^2 x_1,\ \ldots,\ \vartheta^{n-1}x_1,$$

und die Coefficienten $A_1', A_1'', \ldots, A_1^{(n)}$ werden rationale und symmetrische Functionen dieser Grössen sein. Wir werden sehen, dass man die Bestimmung dieser Coefficienten von der Auflösung einer einzigen Gleichung vom Grade m abhängig machen kann.

Um dies zu zeigen, betrachten wir allgemein eine beliebige rationale und symmetrische Function von $x_1, \vartheta x_1, \vartheta^2 x_1, \ldots, \vartheta^{n-1}x_1$, und zwar sei

$$15)\quad y_1=f(x_1,\ \vartheta x_1,\ \vartheta^2 x_1,\ \ldots,\ \vartheta^{n-1}x_1)$$

diese Function.

Setzt man für x_1 der Reihe nach $x_2, x_3, \ldots, x_m$, so wird die Function y m verschiedene Werte annehmen, welche wir mit $y_1, y_2, y_3, \ldots, y_m$ bezeichnen wollen. Bildet man hierauf eine Gleichung m^{ten} Grades

$$16)\quad y^m+p_1y^{m-1}+p_2y^{m-2}+\cdots+p_{m-1}y+p_m=0,$$

deren Wurzeln $y_1, y_2, y_3, \ldots, y_m$ sind, so behaupte ich, dass die Coefficienten dieser Gleichung rational durch die bekannten Grössen, welche in der gegebenen Gleichung enthalten sind, dargestellt werden können.

Da die Grössen $\vartheta x_1, \vartheta^2 x_1, \ldots, \vartheta^{n-1}x_1$ rationale Functionen von x_1 sind, so ist auch die Function y_1 eine solche. Ist

$$17)\quad \left\{\begin{aligned}&y_1=Fx_1,\\ &\text{so haben wir auch:}\\ &y_2=Fx_2,\ y_3=Fx_3,\ \ldots,\ y_m=Fx_m.\end{aligned}\right.$$

Setzt man in die Gleichung (15) der Reihe nach $\vartheta x_1, \vartheta^2 x_1, \vartheta^3 x_1, \ldots, \vartheta^{n-1}x_1$ für x_1 und beachtet man, dass

$$\vartheta^n x_1=x_1,\ \vartheta^{n+1}x_1=\vartheta x_1,\ \vartheta^{n+2}x_1=\vartheta^2 x_1,\ldots$$

ist, so ist klar, dass die Function y_1 ihren Wert nicht ändert. Man hat daher:

$$y_1=Fx_1=F(\vartheta x_1)=F(\vartheta^2 x_1)=\cdots=F(\vartheta^{n-1}x_1).$$

Ebenso:

$$\begin{aligned}&y_2=Fx_2=F(\vartheta x_2)=F(\vartheta^2 x_2)=\cdots=F(\vartheta^{n-1}x_2)\\ &\cdot\ \cdot\ \cdot\ \cdot\ \cdot\ \cdot\ \cdot\ \cdot\ \cdot\ \cdot\ \cdot\ \cdot\ \cdot\ \cdot\ \cdot\ \cdot\ \cdot\ \cdot\ \cdot\\ &y_m=Fx_m=F(\vartheta x_m)=F(\vartheta^2 x_m)=\cdots=F(\vartheta^{n-1}x_m).\end{aligned}$$

Erhebt man jede Seite dieser Gleichungen auf die ν^{te} Potenz, so erhält man hieraus:

$$
18)\quad \begin{cases}
y_1^\nu = \frac{1}{n}\left[(Fx_1)^\nu + \left(F(\vartheta x_1)\right)^\nu + \cdots + \left(F(\vartheta^{n-1}x_1)\right)^\nu\right] \\
y_2^\nu = \frac{1}{n}\left[(Fx_2)^\nu + \left(F(\vartheta x_2)\right)^\nu + \cdots + \left(F(\vartheta^{n-1}x_2)\right)^\nu\right] \\
\cdot\;\cdot\;\cdot\;\cdot\;\cdot\;\cdot\;\cdot\;\cdot\;\cdot\;\cdot\;\cdot\;\cdot\;\cdot\;\cdot\;\cdot\;\cdot\;\cdot\;\cdot\;\cdot\;\cdot \\
y_m^\nu = \frac{1}{n}\left[(Fx_m)^\nu + \left(F(\vartheta x_m)\right)^\nu + \cdots + \left(F(\vartheta^{n-1}x_m)\right)^\nu\right].
\end{cases}
$$

Addiert man diese letzteren Gleichungen, so erhält man den Wert von

$$y_1^\nu + y_2^\nu + y_3^\nu + \cdots + y_m^\nu$$

ausgedrückt als rationale und symmetrische Function sämtlicher Wurzeln der Gleichung $\varphi(x) = 0$, nämlich

$$19)\qquad y_1^\nu + y_2^\nu + y_3^\nu + \cdots + y_m^\nu = \frac{1}{n}\Sigma(Fx)^\nu.$$

Die rechte Seite dieser Gleichung lässt sich rational durch die Coefficienten von $\varphi(x)$ und ϑx, d. h. durch bekannte Grössen ausdrücken. Setzt man also:

$$20)\qquad r_\nu = y_1^\nu + y_2^\nu + y_3^\nu + \cdots + y_m^\nu,$$

so hat man den Wert von r_ν für einen beliebigen ganzzahligen Wert von ν. Nun kann man aber, wenn man $r_1, r_2, r_3, \ldots, r_m$ kennt, daraus den Wert jeder symmetrischen Function der Grössen $y_1, y_2, \ldots, y_m$ rational herleiten. Man kann somit auf diese Weise alle Coefficienten der Gleichung (16) finden und demnach jede rationale und symmetrische Function von x_1, ϑx_1, $\vartheta^2 x_1, \ldots, \vartheta^{n-1}x_1$ mit Hülfe einer Gleichung m^{ten} Grades bestimmen. Folglich erhält man auf diese Weise die Coefficienten der Gleichung (14), deren Auflösung sodann den Wert von x_1 u. s. w. giebt.

Man ersieht hieraus, dass man die Auflösung der Gleichung $\varphi(x) = 0$, welche vom Grade $\mu = m \cdot n$ ist, auf diejenige einer gewissen Anzahl von Gleichungen vom Grade m und n zurückführen kann. Es reicht sogar aus, wie wir jetzt zeigen wollen, nur eine einzige Gleichung vom Grade m und m Gleichungen vom Grade n aufzulösen.

Ist ψx_1 irgend einer der Coefficienten $A_1', A_1'', \ldots, A_1^{(n)}$ und setzen wir:

$$t_\nu = y_1^\nu \cdot \psi x_1 + y_2^\nu \cdot \psi x_2 + y_3^\nu \cdot \psi x_3 + \cdots + y_m^\nu \cdot \psi x_m,$$

so erhalten wir, da $y_1^\nu \cdot \psi x_1$ eine symmetrische Function der Grössen x_1, $\vartheta x_1, \ldots, \vartheta^{n-1}x_1$ ist, wenn wir die Gleichungen $\vartheta^n x_1 = x_1$, $\vartheta^{n+1}x_1 = \vartheta x_1, \ldots$ beachten:

$$y_1^\nu \cdot \psi x_1 = (Fx_1)^\nu \cdot \psi x_1 = \left(F(\vartheta x_1)\right)^\nu \cdot \psi(\vartheta x_1) = \cdots = \left(F(\vartheta^{n-1}x_1)\right)^\nu \cdot \psi(\vartheta^{n-1}x_1).$$

mithin:

$$y_1^\nu \cdot \psi x_1 = \frac{1}{n}\left[(Fx_1)^\nu \cdot \psi x_1 + \left(F(\vartheta x_1)\right)^\nu \cdot \psi(\vartheta x_1) + \cdots + \left(F(\vartheta^{n-1} x_1)\right)^\nu \cdot \psi(\vartheta^{n-1} x_1)\right].$$

Man erhält analoge Ausdrücke für $y_2^\nu \cdot \psi x_2$, $y_3^\nu \cdot \psi x_3$, $\ldots$, $y_m^\nu \cdot \psi x_m$, wenn man $x_2, x_3, \ldots, x_m$ an die Stelle von x_1 setzt. Substituiert man diese Werte, so sieht man, dass t_ν eine rationale und symmetrische Function aller Wurzeln der Gleichung $\varphi(x) = 0$ ist. Man erhält nämlich

$$22)\qquad t_\nu = \frac{1}{n}\Sigma(Fx)^\nu \psi x.$$

Mithin kann man t_ν rational durch bekannte Grössen ausdrücken.

Setzt man hierauf $\nu = 0, 1, 2, 3, \ldots, m-1$, so giebt die Formel (21):

$$\begin{aligned}
\psi x_1 + \psi x_2 + \cdots\cdots + \psi x_m &= t_0\\
y_1\psi x_1 + y_2\psi x_2 + \cdots\cdots + y_m\psi x_m &= t_1\\
y_1^2\psi x_1 + y_2^2\psi x_2 + \cdots\cdots + y_m^2\psi x_m &= t_2\\
\cdots\cdots\cdots\cdots\cdots\cdots &\\
y_1^{m-1}\psi x_1 + y_2^{m-1}\psi x_2 + \cdots\cdots + y_m^{m-1}\psi x_m &= t_{m-1}.
\end{aligned}$$

Aus diesen Gleichungen, welche linear sind in Bezug auf ψx_1, ψx_2, .., ψx_m, leitet man leicht die Werte dieser Grössen als rationale Functionen von $y_1, y_2, y_3, \ldots, y_m$ her. Setzt man nämlich:

$$23)\qquad \begin{aligned}(y-y_2)(y-y_3)\cdots(y-y_m) = y^{m-1} + R_{m-2}y^{m-2} + R_{m-3}y^{m-3} + \cdots\\ + R_1 y + R_0,\end{aligned}$$

so erhält man:

$$24)\qquad \psi x_1 = \frac{t_0R_0 + t_1R_1 + t_2R_2 + \cdots + t_{m-2}R_{m-2} + t_{m-1}}{R_0 + R_1y_1 + R_2y_1^2 + \cdots + R_{m-2}y_1^{m-2} + y_1^{m-1}}.$$

Die Grössen $R_0, R_1, \ldots, R_{m-2}$ sind rationale Functionen von $y_2, y_3, y_4, \ldots, y_m$, man kann sie aber durch y_1 allein ausdrücken. Multipliciert man nämlich die Gleichung (23) mit $y - y_1$, so hat man:

$$\begin{aligned}(y-y_1)(y-y_2)\cdots(y-y_m) &= y^m + p_1y^{m-1} + p_2y^{m-2} + \cdots + p_{m-1}y + p_m\\ &= y^m + (R_{m-2} - y_1)y^{m-1} + (R_{m-3} - y_1R_{m-2})y^{m-2} + \cdots,\end{aligned}$$

und hieraus erhält man, indem man die gleichen Potenzen von y vergleicht:

$$25)\qquad \begin{cases} R_{m-2} = y_1 + p_1\\ R_{m-3} = y_1R_{m-2} + p_2 = y_1^2 + p_1y_1 + p_2\\ R_{m-4} = y_1R_{m-3} + p_3 = y_1^3 + p_1y_1^2 + p_2y_1 + p_3\\ \cdots\cdots\cdots\cdots\cdots\cdots\\ R_0 \quad = y_1^{m-1} + p_1y_1^{m-2} + p_2y_1^{m-3} + \cdots + p_{m-1}.\end{cases}$$

Substituiert man diese Werte, so wird der Ausdruck von ψx_1 eine rationale Function von y_1 und von bekannten Grössen, und man sieht, dass es immer möglich ist, ψx_1 auf diese Weise zu finden, unter der Bedingung, dass der Nenner

$$R_0 + R_1 y_1 + R_2 y_1^2 + \cdots + R_{m-2} y_1^{m-2} + y_1^{m-1}$$

nicht Null ist. Man kann aber der Function y_1 unendlich viele Formen geben, welche diese Gleichung unmöglich machen. Setzt man beispielsweise

$$26)\qquad y_1 = (\alpha - x_1)(\alpha - \vartheta x_1)(\alpha - \vartheta^2 x_1) \ldots (\alpha - \vartheta^{n-1} x_1),$$

wo α eine unbestimmte Grösse ist, so kann der in Rede stehende Nenner nicht verschwinden. Da nämlich dieser Nenner nichts anderes ist, als

$$(y_1 - y_2)(y_1 - y_3) \ldots (y_1 - y_m),$$

so würde man in dem Falle, wo er Null wäre,

$$y_1 = y_k,$$

d. h.

$$(\alpha - x_1)(\alpha - \vartheta x_1) \ldots (\alpha - \vartheta^{n-1} x_1) = (\alpha - x_k)(\alpha - \vartheta x_k) \ldots (\alpha - \vartheta^{n-1} x_k)$$

haben, was unmöglich ist, da sämtliche Wurzeln $x_1, \vartheta x_1, \vartheta^2 x_1, \ldots, \vartheta^{n-1} x_1$ von den folgenden: $x_k, \vartheta x_k, \vartheta^2 x_k, \ldots, \vartheta^{n-1} x_k$ verschieden sind.

Die Coefficienten $A_1', A_1'', \ldots, A_1^{(n)}$ können somit rational durch eine und dieselbe Function y_1, deren Bestimmung von einer Gleichung m^{ten} Grades abhängt, ausgedrückt werden.

Die Wurzeln der Gleichung (14) sind:

$$x_1, \vartheta x_1, \vartheta^2 x_1, \ldots, \vartheta^{n-1} x_1.$$

Ersetzt man in den Coefficienten $A_1', A_1'', \ldots$ y_1 durch $y_2, y_3, \ldots, y_m$, so erhält man $m-1$ andere Gleichungen, deren Wurzeln respective sind:

$$\begin{array}{llll} x_2, & \vartheta x_2, & \ldots, & \vartheta^{n-1} x_2 \\ x_3, & \vartheta x_3, & \ldots, & \vartheta^{n-1} x_3 \\ \cdot & \cdot & \cdot & \cdot \\ x_m, & \vartheta x_m, & \ldots, & \vartheta^{n-1} x_m. \end{array}$$

Satz II. Die gegebene Gleichung $\varphi(x) = 0$ kann somit zerlegt werden in m Gleichungen vom Grade n, deren Coefficienten respective rationale Functionen einer und derselben Wurzel einer einzigen Gleichung m^{ten} Grades sind.

Diese letztere Gleichung ist im Allgemeinen nicht algebraisch auflösbar, sobald sie den vierten Grad übersteigt; dagegen sind es die Gleichung (14) und die andern analogen immer, wenn man die Coefficienten $A_1', A_1'', \ldots$ als bekannt voraussetzt, wie wir im folgenden Paragraphen sehen werden.

§ 3.

Im vorhergehenden Paragraphen haben wir den Fall betrachtet, wo m grösser als die Einheit ist. Jetzt wollen wir uns mit dem Falle beschäftigen, wo $m=1$ ist. In diesem Falle hat man $\mu=n$ und die Wurzeln der Gleichung $\varphi(x)=0$ sind:

$$27)\qquad x_1,\ \vartheta x_1,\ \vartheta^2 x_1, \ldots, \vartheta^{\mu-1}x_1.$$

Ich behaupte, dass jede Gleichung, deren Wurzeln in dieser Weise dargestellt werden können, algebraisch auflösbar ist.

Ist nämlich α eine beliebige Wurzel der Gleichung $\alpha^\mu - 1 = 0$ und setzt man:

$$28)\qquad \psi x = (x + \alpha\vartheta x + \alpha^2\vartheta^2 x + \alpha^3\vartheta^3 x + \cdots + \alpha^{\mu-1}\vartheta^{\mu-1}x)^\mu,$$

so wird ψx eine rationale Function von x sein. Nun lässt sich diese Function rational ausdrücken durch die Coefficienten von $\varphi(x)$ und ϑx. Setzt man $\vartheta^m x$ für x, so hat man:

$$\psi(\vartheta^m x) = (\vartheta^m x + \alpha\vartheta^{m+1}x + \cdots + \alpha^{\mu-m}\vartheta^\mu x + \alpha^{\mu-m+1}\vartheta^{\mu+1}x + \cdots + \alpha^{\mu-1}\vartheta^{\mu+m-1}x)^\mu.$$

Nun ist:

$$\vartheta^\mu x = x,\quad \vartheta^{\mu+1}x = \vartheta x,\ \ldots,\ \vartheta^{\mu+m-1}x = \vartheta^{m-1}x,$$

mithin:

$$\psi(\vartheta^m x) = (\alpha^{\mu-m}x + \alpha^{\mu-m+1}\vartheta x + \cdots + \alpha^{\mu-1}\vartheta^{m-1}x + \vartheta^m x + \alpha\vartheta^{m+1}x + \cdots + \alpha^{\mu-m-1}\vartheta^{\mu-1}x)^\mu.$$

Da nun $\alpha^\mu = 1$, so ist:

$$\begin{aligned}\psi(\vartheta^m x) &= [\alpha^{\mu-m}(x + \alpha\vartheta x + \alpha^2\vartheta^2 x + \cdots + \alpha^{\mu-1}\vartheta^{\mu-1}x)]^\mu \\ &= \alpha^{\mu(\mu-m)}(x + \alpha\vartheta x + \alpha^2\vartheta^2 x + \cdots + \alpha^{\mu-1}\vartheta^{\mu-1}x)^\mu.\end{aligned}$$

Demnach sieht man, da $\alpha^{\mu(\mu-m)} = 1$ ist, dass

$$\psi(\vartheta^m x) = \psi x$$

ist. Macht man $m = 0, 1, 2, 3, \ldots, \mu - 1$ und addiert darauf, so findet man:

$$29)\qquad \psi x = \frac{1}{\mu}\left(\psi x + \psi(\vartheta x) + \psi(\vartheta^2 x) + \cdots + \psi(\vartheta^{\mu-1}x)\right).$$

Es ist daher ψx eine rationale und symmetrische Function sämtlicher Wurzeln der Gleichung $\varphi(x)=0$, und somit kann man sie rational durch bekannte Grössen ausdrücken.

Ist $\psi x = v$, so erhält man aus der Gleichung (28):

$$30)\qquad \sqrt[\mu]{v} = x + \alpha\vartheta x + \alpha^2\vartheta^2 x + \cdots + \alpha^{\mu-1}\vartheta^{\mu-1}x.$$

Bezeichnen wir hierauf die μ Wurzeln der Gleichung

$$\alpha^\mu - 1 = 0$$

mit

$$31)\qquad 1,\ \alpha_1,\ \alpha_2,\ \alpha_3,\ \ldots,\ \alpha_{\mu-1}$$

und die entsprechenden Werte von v mit

$$32)\qquad v_0,\ v_1,\ v_2,\ v_3,\ \ldots,\ v_{\mu-1},$$

so giebt die Gleichung (30), wenn man für α der Reihe nach $1, \alpha_1, \alpha_2, \alpha_3, \ldots,$ $\alpha_{\mu-1}$ setzt:

$$33)\qquad \begin{cases} \sqrt[\mu]{v_0} = x + \vartheta x + \vartheta^2 x + \cdots + \vartheta^{\mu-1} x \\ \sqrt[\mu]{v_1} = x + \alpha_1 \vartheta x + \alpha_1{}^2 \vartheta^2 x + \cdots + \alpha_1^{\mu-1} \vartheta^{\mu-1} x \\ \sqrt[\mu]{v_2} = x + \alpha_2 \vartheta x + \alpha_2{}^2 \vartheta^2 x + \cdots + \alpha_2^{\mu-1} \vartheta^{\mu-1} x \\ \cdots\cdots\cdots\cdots\cdots\cdots \\ \sqrt[\mu]{v_{\mu-1}} = x + \alpha_{\mu-1} \vartheta x + \alpha_{\mu-1}^2 \vartheta^2 x + \cdots + \alpha_{\mu-1}^{\mu-1} \vartheta^{\mu-1} x. \end{cases}$$

Addiert man diese Gleichungen, so erhält man:

$$34)\qquad x = \frac{1}{\mu}\left[-A + \sqrt[\mu]{v_1} + \sqrt[\mu]{v_2} + \sqrt[\mu]{v_3} + \cdots + \sqrt[\mu]{v_{\mu-1}}\right],$$

wo $\sqrt[\mu]{v_0}$, welches eine constante Grösse ist, durch $-A$ ersetzt worden ist.

Hierdurch kennt man die Wurzel x. Allgemein findet man die Wurzel $\vartheta^m x$, indem man die erste der Gleichungen (33) mit 1, die zweite mit α_1^{-m}, die dritte mit α_2^{-m}, u. s. w. multipliciert und addiert; es ergiebt sich alsdann:

$$35)\qquad \vartheta^m x = \frac{1}{\mu}\left[-A + \alpha_1^{-m} \sqrt[\mu]{v_1} + \alpha_2^{-m} \sqrt[\mu]{v_2} + \cdots + \alpha_{\mu-1}^{-m} \sqrt[\mu]{v_{\mu-1}}\right].$$

Giebt man m die Werte $0, 1, 2, \ldots, \mu-1$, so erhält man den Wert sämtlicher Wurzeln der Gleichung.

Der vorhergehende Ausdruck der Wurzeln enthält im Allgemeinen $\mu-1$ verschiedene Wurzelgrössen von der Form $\sqrt[\mu]{v}$. Er wird demnach $\mu^{\mu-1}$ Werte besitzen, während die Wurzel der Gleichung $\varphi(x) = 0$ deren nur μ hat. Man kann jedoch dem Ausdruck der Wurzeln eine andere Form geben, welche dieser Schwierigkeit nicht unterworfen ist. Ist nämlich der Wert von $\sqrt[\mu]{v_1}$ fixiert, so ist es, wie wir jetzt zeigen wollen, auch der Wert der andern Wurzelgrössen.

Welches auch die Zahl μ sein möge, gleichviel ob sie Primzahl ist oder nicht, man kann immer eine Wurzel α der Gleichung $\alpha^\mu - 1 = 0$ von der Beschaffenheit finden, dass die Wurzeln

$$\alpha_1,\ \alpha_2,\ \alpha_3,\ \ldots,\ \alpha_{\mu-1}$$

dargestellt werden können durch

$$\alpha,\ \alpha^2,\ \alpha^3,\ \ldots,\ \alpha^{\mu-1}. \tag{36}$$

Dies vorausgesetzt, hat man:

$$\left\{\begin{aligned}\sqrt[\mu]{v_k} &= x + \alpha^k\cdot\vartheta x + \alpha^{2k}\cdot\vartheta^2 x + \cdots + \alpha^{(\mu-1)k}\cdot\vartheta^{\mu-1}x\\ \sqrt[\mu]{v_1} &= x + \alpha\cdot\vartheta x + \alpha^2\cdot\vartheta^2 x + \cdots + \alpha^{\mu-1}\cdot\vartheta^{\mu-1}x,\end{aligned}\right. \tag{37}$$

und hieraus folgt:

$$\left\{\begin{aligned}\sqrt[\mu]{v_k}\cdot\left(\sqrt[\mu]{v_1}\right)^{\mu-k} &= (x + \alpha^k\cdot\vartheta x + \alpha^{2k}\cdot\vartheta^2 x + \cdots + \alpha^{(\mu-1)k}\vartheta^{\mu-1}x)\\ &\times(x + \alpha\cdot\vartheta x + \alpha^2\cdot\vartheta^2 x + \cdots + \alpha^{\mu-1}\vartheta^{\mu-1}x)^{\mu-k}\end{aligned}\right. \tag{38}$$

Die rechte Seite dieser Gleichung ist eine rationale Function von x, welche ihren Wert nicht ändert, wenn man für x eine beliebige andere Wurzel $\vartheta^m x$ setzt, wie man leicht erkennt, wenn man diese Substitution ausführt und die Gleichung $\vartheta^{\mu+\nu}x = \vartheta^\nu x$ berücksichtigt. Bezeichnet man also die in Rede stehende Function mit ψx, so hat man:

$$\sqrt[\mu]{v_k}\cdot\left(\sqrt[\mu]{v_1}\right)^{\mu-k} = \psi x = \psi(\vartheta x) = \psi(\vartheta^2 x) = \cdots = \psi(\vartheta^{\mu-1}x),$$

und hieraus:

$$\sqrt[\mu]{v_k}\cdot\left(\sqrt[\mu]{v_1}\right)^{\mu-k} = \frac{1}{\mu}\left(\psi x + \psi(\vartheta x) + \psi(\vartheta^2 x) + \cdots + \psi(\vartheta^{\mu-1}x)\right). \tag{39}$$

Die rechte Seite dieser Gleichung ist eine rationale und symmetrische Function der Wurzeln; man kann sie also durch bekannte Grössen ausdrücken. Bezeichnet man sie mit a_k, so hat man:

$$\sqrt[\mu]{v_k}\cdot\left(\sqrt[\mu]{v_1}\right)^{\mu-k} = a_k \tag{40}$$

und hieraus:

$$\sqrt[\mu]{v_k} = \frac{a_k}{v_1}\left(\sqrt[\mu]{v_1}\right)^k. \tag{41}$$

Vermöge dieser Formel geht der Ausdruck der Wurzel x über in:

$$x = \frac{1}{\mu}\left(-A + \sqrt[\mu]{v_1} + \frac{a_2}{v_1}\left(\sqrt[\mu]{v_1}\right)^2 + \frac{a_3}{v_1}\left(\sqrt[\mu]{v_1}\right)^3 + \cdots + \frac{a_{\mu-1}}{v_1}\left(\sqrt[\mu]{v_1}\right)^{\mu-1}\right). \tag{42}$$

Dieser Ausdruck von x besitzt nur μ verschiedene Werte, welche man erhält, wenn man für $\sqrt[\mu]{v_1}$ die μ Werte setzt:

$$\sqrt[\mu]{v_1},\quad \alpha\sqrt[\mu]{v_1},\quad \alpha^2\sqrt[\mu]{v_1},\quad \ldots,\quad \alpha^{\mu-1}\sqrt[\mu]{v_1}.$$

Der Weg, den wir im Vorstehenden eingeschlagen haben, um die Gleichung $\varphi(x)=0$ aufzulösen, ist im Grunde derselbe, wie der, welchen Gauss in seinen „*Disquisitiones arithmeticae*“ Artikel 359 u. ff. gegangen ist, um eine gewisse Klasse von Gleichungen aufzulösen, zu denen er bei seinen Untersuchungen über die Gleichung $x^n - 1 = 0$ gelangt war. Diese Gleichungen haben dieselbe Eigenschaft wie unsre Gleichung $\varphi(x) = 0$, nämlich dass alle ihre Wurzeln ausgedrückt werden können durch

$$x,\ \vartheta x,\ \vartheta^2 x,\ \ldots,\ \vartheta^{\mu-1} x,$$

wo ϑx eine rationale Function ist.

Dem Vorhergehenden zufolge können wir den folgenden Satz aussprechen.

Satz III. Wenn die Wurzeln einer algebraischen Gleichung dargestellt werden können durch

$$x,\ \vartheta x,\ \vartheta^2 x,\ \ldots,\ \vartheta^{\mu-1} x,$$

wo $\vartheta^\mu x = x$ ist und wobei ϑx eine rationale Function von x und von bekannten Grössen bezeichnet, so ist diese Gleichung stets algebraisch auflösbar.

Hieraus ergiebt sich der folgende als Zusatz:

Satz IV. Wenn zwei Wurzeln einer irreductiblen Gleichung, deren Grad eine Primzahl ist, derart mit einander verbunden sind, dass man die eine rational durch die andere ausdrücken kann, so ist diese Gleichung algebraisch auflösbar.

Dies folgt nämlich unmittelbar aus der Gleichung (11):

$$\mu = m \cdot n;$$

denn, wenn μ eine Primzahl ist, muss man $m = 1$ haben, und somit drücken sich die Wurzeln durch $x,\ \vartheta x,\ \vartheta^2 x,\ \ldots,\ \vartheta^{\mu-1} x$ aus.

In dem Falle, wo alle bekannten Grössen von $\varphi(x)$ und ϑx reell sind, besitzen die Wurzeln der Gleichung $\varphi(x) = 0$ eine bemerkenswerte Eigenschaft, die wir jetzt beweisen wollen.

Aus dem Vorhergehenden ersieht man, dass $a_{\mu-1}$ rational durch die Coefficienten von $\varphi(x)$ und ϑx und durch α ausgedrückt werden kann. Wenn also diese Coefficienten reell sind, so muss $a_{\mu-1}$ die Form

$$a_{\mu-1} = a + b\sqrt{-1}$$

haben, wo $\sqrt{-1}$ nur durch die Grösse α, welche im Allgemeinen imaginär ist und allgemein den Wert

$$\alpha = \cos\frac{2\pi}{\mu} + \sqrt{-1}\cdot\sin\frac{2\pi}{\mu}$$

haben kann, eingeführt wird.

Ändert man also in α das Zeichen von $\sqrt{-1}$ und bezeichnet man durch $a'_{\mu-1}$ den entsprechenden Wert von $a_{\mu-1}$, so hat man:

$$a'_{\mu-1} = a - b\sqrt{-1}.$$

Nun ist der Formel (40) zufolge offenbar $a'_{\mu-1} = a_{\mu-1}$; mithin ist $b=0$ und

$$43) \qquad a_{\mu-1} = a.$$

Demnach besitzt $a_{\mu-1}$ stets einen reellen Wert. Man zeigt ebenso, dass

$$v_1 = c + d\sqrt{-1} \quad \text{und} \quad v_{\mu-1} = c - d\sqrt{-1}$$

ist, wo c und d reell sind.

Folglich:

$$v_1 + v_{\mu-1} = 2c.$$
$$v_1 v_{\mu-1} = a^{\mu}.$$

Hieraus ergiebt sich:

$$44) \qquad v_1 = c + \sqrt{-1}\;\sqrt{a^{\mu} - c^2},$$

und somit $d = \sqrt{a^{\mu} - c^2}$, woraus ersichtlich, dass $\sqrt{a^{\mu} - c^2}$ stets einen reellen Wert besitzt.

Nachdem dies festgestellt ist, kann man setzen:

$$45) \qquad \begin{cases} c = (\sqrt{\rho})^{\mu} \cos\delta \\ \sqrt{a^{\mu} - c^2} = (\sqrt{\rho})^{\mu} \sin\delta, \end{cases}$$

wo ρ eine positive Grösse ist.

Man erhält hieraus:

$$c^2 + (\sqrt{a^{\mu} - c^2})^2 = (\sqrt{\rho})^{2\mu}$$

d. h.

$$46) \qquad a^{\mu} = \rho^{\mu};$$

mithin ist ρ gleich dem numerischen Werte von a. Man sieht überdies, dass a stets positiv ist, wenn μ eine ungerade Zahl ist.

Kennt man ρ und δ, so hat man:

$$v_1 = (\sqrt{\rho})^{\mu} \cdot (\cos\delta + \sqrt{-1}\sin\delta$$

und somit

$$\sqrt[\mu]{v_1} = \sqrt{\rho}\left[\cos\left(\frac{\delta + 2m\pi}{\mu}\right) + \sqrt{-1}\sin\left(\frac{\delta + 2m\pi}{\mu}\right)\right].$$

Substituiert man diesen Wert von $\sqrt[\mu]{v_1}$ in den Ausdruck von x (42), so nimmt er die Form an:

$$
\begin{aligned}
x=\frac{1}{\mu}\Big[-A+ &\sqrt{\rho}\Big(\cos\frac{\delta+2m\pi}{\mu}+\sqrt{-1}\sin\frac{\delta+2m\pi}{\mu}\Big)\\
+ &(f+g\sqrt{-1})\Big(\cos\frac{2(\delta+2m\pi)}{\mu}+\sqrt{-1}\sin\frac{2(\delta+2m\pi)}{\mu}\Big)\\
47)\qquad +&(F+G\sqrt{-1})\sqrt{\rho}\Big(\cos\frac{3(\delta+2m\pi)}{\mu}+\sqrt{-1}\sin\frac{3(\delta+2m\pi)}{\mu}\Big)\\
+ &(f_1+g_1\sqrt{-1})\Big(\cos\frac{4(\delta+2m\pi)}{\mu}+\sqrt{-1}\sin\frac{4(\delta+2m\pi)}{\mu}\Big)\\
+ &\ldots\ldots\ldots\ldots\ldots\ldots\Big],
\end{aligned}
$$

worin ρ, A, f, g, F, G, ... rationale Functionen von $\cos\frac{2\pi}{\mu}$, $\sin\frac{2\pi}{\mu}$ und der Coefficienten von $\varphi(x)$ und ϑx sind. Man erhält alle Wurzeln, wenn man m die Werte $0, 1, 2, 3, \ldots, \mu-1$ beilegt.

Der vorstehende Ausdruck von x liefert das folgende Resultat:

Satz V. Um die Gleichung $\varphi(x)=0$ aufzulösen, genügt es:

1) den ganzen Umfang des Kreises in μ gleiche Teile zu teilen;
2) einen Winkel δ, den man alsdann construieren kann, in μ gleiche Teile zu teilen;
3) die Quadratwurzel aus einer einzigen Grösse ρ zu ziehen.

Dieser Satz ist nur die Erweiterung eines ähnlichen Satzes, welchen Gauss in dem oben erwähnten Werke Artikel 360 ohne Beweis giebt.

Es ist noch zu bemerken, dass die Wurzeln der Gleichung $\varphi(x)=0$ entweder sämtlich reell oder sämtlich imaginär sind. Ist nämlich eine Wurzel x reell, so sind es auch die andern, wie die Ausdrücke

$$\vartheta x,\ \vartheta^2 x,\ \ldots,\ \vartheta^{\mu-1}x$$

zeigen, welche nur reelle Grössen enthalten. Ist dagegen x imaginär, so sind es die andern Wurzeln ebenfalls, denn wenn z. B. $\vartheta^m x$ reell wäre, so würde $\vartheta^{\mu-m}(\vartheta^m x)=\vartheta^\mu x=x$ ebenfalls reell sein im Widerspruch mit der Voraussetzung. Im ersten Falle ist a positiv, im zweiten negativ. Ist μ eine ungerade Zahl, so sind sämtliche Wurzeln reell.

Die Methode, welche wir in diesem Paragraphen für die Auflösung der Gleichung $\varphi(x)=0$ gegeben haben, ist auf alle Fälle anwendbar, mag μ eine Primzahl sein oder nicht. Ist jedoch μ eine zusammengesetzte Zahl, so giebt es noch eine andere Methode, welche einige Vereinfachungen gestattet und die wir kurz auseinandersetzen wollen.

Ist $\mu=m\cdot n$, so können die Wurzeln

$$x,\ \vartheta x,\ \vartheta^2 x,\ \ldots,\ \vartheta^{\mu-1}x$$

auf folgende Weise in Gruppen geteilt werden:

$$\begin{array}{lllll} x, & \vartheta^m x, & \vartheta^{2m} x, & \ldots, & \vartheta^{(n-1)m} x \\ \vartheta x, & \vartheta^{m+1} x, & \vartheta^{2m+1} x, & \ldots, & \vartheta^{(n-1)m+1} x \\ \vartheta^2 x, & \vartheta^{m+2} x, & \vartheta^{2m+2} x, & \ldots, & \vartheta^{(n-1)m+2} x \\ \cdot & \cdot & \cdot & \cdot & \cdot \\ \vartheta^{m-1} x, & \vartheta^{2m-1} x, & \vartheta^{3m-1} x, & \ldots, & \vartheta^{mn-1} x. \end{array}$$

Setzt man zur Abkürzung

$$48)\qquad \vartheta^m x = \vartheta_1 x,$$

$$49)\qquad x = x_1,\quad \vartheta x = x_2,\quad \vartheta^2 x = x_3,\quad \ldots,\quad \vartheta^{m-1} x = x_m,$$

so kann man die Wurzeln folgendermassen schreiben:

$$50)\qquad \left\{\begin{array}{llllll} 1') & x_1, & \vartheta_1 x_1, & \vartheta_1{}^2 x_1, & \ldots, & \vartheta_1^{n-1} x_1 \\ 2') & x_2, & \vartheta_1 x_2, & \vartheta_1{}^2 x_2, & \ldots, & \vartheta_1^{n-1} x_2 \\ \cdot & \cdot & \cdot & \cdot & \cdot & \cdot \\ m') & x_m, & \vartheta_1 x_m, & \vartheta_1{}^2 x_m, & \ldots, & \vartheta_1^{n-1} x_m \end{array}\right.$$

Mithin kann man nach dem Früheren (§ 2) die Gleichung $\varphi(x) = 0$, welche vom Grade mn ist, in m Gleichungen vom Grade n zerlegen, deren Coefficienten von einer Gleichung m^{ten} Grades abhängen werden. Die Wurzeln dieser Gleichungen sind respective die Grössen $1', 2', \ldots, m'$.

Ist auch n eine zusammengesetzte Zahl $= m_1 n_1$, so kann man in derselben Weise jede der Gleichungen n^{ten} Grades in m_1 Gleichungen vom Grade n_1 zerlegen, deren Coefficienten abhängig sein werden von einer Gleichung $m_1{}^{\text{ten}}$ Grades. Ist auch noch n_1 eine zusammengesetzte Zahl, so kann man die Zerlegung in derselben Weise fortsetzen.

Satz VI. Allgemein, nimmt man

$$51)\qquad \mu = m_1 \cdot m_2 \cdot m_3 \cdots m_n$$

an, so lässt sich die Auflösung der gegebenen Gleichung $\varphi(x) = 0$ auf diejenige von n Gleichungen von den Graden

$$m_1,\ m_2,\ m_3,\ \ldots,\ m_n$$

zurückführen.

Es genügt sogar, eine einzige Wurzel jeder dieser Gleichungen zu kennen, denn wenn man eine Wurzel der gegebenen Gleichung kennt, so erhält man sämtliche andern Wurzeln ausgedrückt als rationale Functionen dieser.

Die vorstehende Methode ist im Grunde dieselbe wie die, welche Gauss für die Reduction der binomischen Gleichung $x^\mu - 1 = 0$ gegeben hat.

Um die vorstehende Zerlegung der Gleichung $\varphi(x) = 0$ in andere von niedrigerem Grade etwas deutlicher zu zeigen, wollen wir beispielsweise $\mu = 30 = 5 \cdot 3 \cdot 2$ annehmen.

In diesem Falle sind die Wurzeln:

$$x,\ \vartheta x,\ \vartheta^2 x,\ \ldots,\ \vartheta^{29} x.$$

Wir bilden zunächst eine Gleichung 6ten Grades, deren Wurzeln

$$x,\ \vartheta^5 x,\ \vartheta^{10} x,\ \vartheta^{15} x,\ \vartheta^{20} x,\ \vartheta^{25} x$$

sein werden. Ist $R = 0$ diese Gleichung, so kann man ihre Coefficienten rational durch eine und dieselbe Grösse y bestimmen, welche Wurzel einer Gleichung fünften Grades $P = 0$ ist.

Da der Grad der Gleichung $R = 0$ selbst eine zusammengesetzte Zahl ist, so bilden wir eine Gleichung dritten Grades $R_1 = 0$, deren Wurzeln

$$x,\ \vartheta^{10} x,\ \vartheta^{20} x$$

sind und deren Coefficienten rationale Functionen von y und einer und derselben Grösse z sind, welche ihrerseits Wurzel einer Gleichung zweiten Grades $P_1 = 0$ ist, in der die Coefficienten rational durch y ausgedrückt sind.

Nachstehend geben wir das Tableau der Operationen:

$$\begin{aligned}
&x^3 + f(y, z)x^2 + f_1(y, z)x + f_2(y, z) = 0\\
&z^2 + f(y)z + f_1(y) = 0\\
&y^5 + A_1 y^4 + A_2 y^3 + A_3 y^2 + A_4 y + A_5 = 0.
\end{aligned}$$

Man könnte auch mit einer Gleichung 2ten Grades in x oder auch mit einer Gleichung 5ten Grades anfangen.

Wir nehmen die allgemeine Gleichung $\varphi(x) = 0$ wieder auf. Nimmt man $\mu = m \cdot n$ an, so kann man setzen:

$$52)\qquad x^n + f(y)x^{n+1} + f_1(y)x^{n-2} + \cdots = 0,$$

wo y durch eine Gleichung $m$ten Grades

$$53)\qquad y^m + Ay^{m-1} + \cdots = 0$$

bestimmt wird, deren sämtliche Coefficienten rational durch bekannte Grössen ausgedrückt sind.

Dies vorausgeschickt, seien

$$54)\qquad \begin{cases} \mu = m_1 \cdot m_2 \cdot m_3 \cdot \cdots \cdot m_n \quad \text{und}\\ \mu = m_1 n_1,\ \mu = m_2 n_2,\ \ldots,\ \mu = m_\omega n_\omega \end{cases}$$

mehrere Arten, die Zahl μ in zwei Factoren zu zerlegen. Dann kann man die gegebene Gleichung $\varphi(x) = 0$ in zwei andere auf folgende ω Arten zerlegen:

(1) $\begin{cases} F_1(x, y_1) = 0, \text{ deren Wurzeln } x, \vartheta^{m_1}x, \vartheta^{2m_1}x, \ldots, \vartheta^{(n_1-1)m_1}x \text{ sind und deren Coefficienten rationale Functionen einer Grösse } y_1 \text{ sind, welche eine Wurzel einer Gleichung } f_1 y_1 = 0 \text{ vom Grade } m_1 \text{ ist.} \end{cases}$

(2) $\begin{cases} F_2(x, y_2) = 0, \text{ deren Wurzeln } x, \vartheta^{m_2}x, \vartheta^{2m_2}x, \ldots, \vartheta^{(n_2-1)m_2}x \text{ sind und deren Coefficienten rationale Functionen einer und derselben Grösse } y_2 \text{ sind, die eine Wurzel einer Gleichung } f_2 y_2 = 0 \text{ vom Grade } m_2 \text{ ist.} \end{cases}$

. . . .

(ω) $\begin{cases} F_\omega(x, y_\omega) = 0, \text{ deren Wurzeln } x, \vartheta^{m_\omega}x, \vartheta^{2m_\omega}x, \ldots, \vartheta^{(n_\omega-1)m_\omega}x \text{ sind und deren Coefficienten rationale Functionen einer und der- Grösse } y_\omega \text{ sind, die eine Wurzel einer Gleichung } f_\omega y_\omega = 0 \text{ vom Grade } m_\omega \text{ ist.} \end{cases}$

Nimmt man jetzt an, dass $m_1, m_2, \ldots, m_\omega$, zu je zweien genommen, prim zu einander sind, so behaupte ich, dass man den Wert von x rational durch die Grössen $y_1, y_2, \ldots, y_\omega$ ausdrücken kann. Wenn nämlich $m_1, m_2, \ldots, m_\omega$ prim zu einander sind, so ist klar, dass es nur eine einzige Wurzel giebt, welche gleichzeitig allen Gleichungen

$$55)\qquad F_1(x, y_1) = 0,\ F_2(x, y_2) = 0, \ldots, F_\omega(x, y_\omega) = 0$$

Genüge leistet, nämlich die Wurzel x. Mithin kann man nach einem bekannten Satze x rational durch die Coefficienten dieser Gleichungen und folglich durch die Grössen $y_1, y_2, \ldots, y_\omega$ ausdrücken.

Die Auflösung der gegebenen Gleichung ist somit zurückgeführt auf diejenige von ω Gleichungen $f_1 y_1 = 0,\ f_2 y_2 = 0, \ldots, f_\omega y_\omega = 0$, welche respective von den Graden $m_1, m_2, \ldots, m_\omega$ sind und deren Coefficienten rationale Functionen der Coefficienten von $\varphi(x)$ und ϑx sind.

Will man, dass die Gleichungen

$$56)\qquad f_1 y_1 = 0,\ f_2 y_2 = 0, \ldots, f_\omega y_\omega = 0$$

von möglichst niedrigem Grade seien, so muss man $m_1, m_2, \ldots, m_\omega$ so wählen, dass diese Zahlen Potenzen von Primzahlen sind. Wenn z. B. die gegebene Gleichung $\varphi(x) = 0$ vom Grade

$$57)\qquad \mu = \varepsilon_1^{\nu_1} \cdot \varepsilon_2^{\nu_2} \cdots \varepsilon_\omega^{\nu_\omega}$$

ist, wo $\varepsilon_1, \varepsilon_2, \ldots, \varepsilon_\omega$ von einander verschiedene Primzahlen sind, so hat man:

$$58)\qquad m_1 = \varepsilon_1^{\nu_1},\quad m_2 = \varepsilon_2^{\nu_2}, \ldots, \quad m_\omega = \varepsilon_\omega^{\nu_\omega}.$$

Ist die gegebene Gleichung algebraisch auflösbar, so sind es auch die Gleichungen (56); denn die Wurzeln dieser Gleichungen sind rationale Functionen von x. Man kann dieselben leicht auf folgende Weise lösen.

Die Grösse y ist eine rationale und symmetrische Function der Wurzeln der Gleichung (52) d. h. von

$$59) \qquad x,\ \vartheta^m x,\ \vartheta^{2m} x,\ \ldots,\ \vartheta^{(n-1)m} x.$$

Ist

$$60) \qquad y = Fx = f(x, \vartheta^m x, \vartheta^{2m} x, \ldots, \vartheta^{(n-1)m} x),$$

so sind die Wurzeln der Gleichung (53):

$$61) \qquad Fx,\ F(\vartheta x),\ F(\vartheta^2 x),\ \ldots,\ F(\vartheta^{m-1} x).$$

Ich behaupte nun, dass man diese Wurzeln auf folgende Art ausdrücken kann:

$$62) \qquad y,\ \lambda y,\ \lambda^2 y,\ \ldots,\ \lambda^{m-1} y,$$

wo λy eine rationale Function von y und von bekannten Grössen ist.

Man hat:

$$63) \qquad F(\vartheta x) = f[\vartheta x, \vartheta(\vartheta^m x), \vartheta(\vartheta^{2m} x), \ldots, \vartheta(\vartheta^{(n-1)m} x)],$$

mithin ist $F(\vartheta x)$ ebenso wie Fx eine rationale und symmetrische Function der Wurzeln $x, \vartheta^m x, \ldots, \vartheta^{(n-1)m} x$, folglich kann man nach dem in (24) gefundenen Verfahren $F(\vartheta x)$ rational durch Fx ausdrücken. Ist also

$$F(\vartheta x) = \lambda(Fx) = \lambda y,$$

so hat man, wenn man (dem Satze I zufolge) x durch $\vartheta x, \vartheta^2 x, \ldots, \vartheta^{m-1} x$ ersetzt:

$$\begin{aligned}
F(\vartheta^2 x) &= \lambda\big(F(\vartheta x)\big) = \lambda^2 y \\
F(\vartheta^3 x) &= \lambda\big(F(\vartheta^2 x)\big) = \lambda^3 y \\
&\ldots\ldots\ldots\ldots \\
F(\vartheta^{m-1} x) &= \lambda\big(F(\vartheta^{m-2} x)\big) = \lambda^{m-1} y,
\end{aligned}$$ w. z. b. w.

Da nunmehr die Wurzeln der Gleichung (53) dargestellt werden können durch

$$y,\ \lambda y,\ \lambda^2 y,\ \ldots,\ \lambda^{m-1} y,$$

so kann man diese Gleichung auf dieselbe Weise wie die Gleichung $\varphi(x) = 0$ algebraisch auflösen (vgl. Satz III).

Ist m eine Potenz einer Primzahl, also $m = \varepsilon^\nu$, so kann man ferner y mittelst ν Gleichungen vom Grade ε bestimmen (vgl. Satz VI).

Wenn man im VI. Satze annimmt, dass μ eine Potenz von 2 sei, so erhält man als Zusatz den folgenden Satz:

Satz VII. Wenn die Wurzeln einer Gleichung vom Grade 2^ω durch

$$x,\ \vartheta x,\ \vartheta^2 x,\ \ldots,\ \vartheta^{2^\omega - 1} x, \quad \text{wo } \vartheta^{2^\omega} x = x,$$

dargestellt werden können, so kann diese Gleichung mittelst der Ausziehung von ω Quadratwurzeln gelöst werden.

Dieser Satz, angewendet auf die Gleichung $\frac{x^{1+2^\omega}-1}{x-1}=0$, in welcher $2^\omega+1$ eine Primzahl ist, giebt den Satz von Gauss für den Kreis.

§ 4.

Von den Gleichungen, deren sämtliche Wurzeln rational durch eine von ihnen ausgedrückt werden können.

Wir haben im Vorhergehenden (Satz III) gesehen, dass eine Gleichung beliebigen Grades, deren Wurzeln durch

$$x, \vartheta x, \vartheta^2 x, \ldots, \vartheta^{\mu-1} x$$

dargestellt werden können, stets algebraisch lösbar ist. In diesem Falle sind sämtliche Wurzeln rational durch eine von ihnen ausgedrückt; eine Gleichung aber, deren Wurzeln diese Eigenschaft haben, ist nicht immer algebraisch auflösbar. Nichtsdestoweniger giebt es ausser dem vorher betrachteten Falle noch einen andern, in welchem dies stattfindet. Man hat den folgenden Satz:

Satz VIII. Ist $\chi(x)=0$ eine beliebige algebraische Gleichung, deren sämtliche Wurzeln durch eine von ihnen, die wir mit x bezeichnen wollen, rational ausgedrückt werden können, sind ferner ϑx und $\vartheta_1 x$ zwei beliebige andere Wurzeln, so ist die vorgelegte Gleichung algebraisch auflösbar, wenn man hat: $\vartheta\vartheta_1 x=\vartheta_1\vartheta x$.

Der Beweis dieses Satzes kann sogleich auf die im § 2 auseinandergesetzte Theorie zurückgeführt werden, wie wir zeigen wollen.

Kennt man die Wurzel x, so erhält man daraus zugleich alle andern; es genügt also, den Wert von x zu suchen.

Wenn die Gleichung

$$\chi(x)=0 \tag{64}$$

nicht irreductibel ist, so sei

$$\varphi(x)=0 \tag{65}$$

die Gleichung niedrigsten Grades, welcher die Wurzel x genügen kann, wo die Coefficienten dieser Gleichung nur bekannte Grössen enthalten. Alsdann befinden sich die Wurzeln der Gleichung $\varphi(x)=0$ unter denen der Gleichung $\chi(x)=0$ (vgl. den ersten Satz) und können somit durch eine von ihnen rational ausgedrückt werden.

Dies vorausgesetzt, sei ϑx eine von x verschiedene Wurzel; dann lassen sich, den Auseinandersetzungen des ersten Paragraphen zufolge, die Wurzeln der Gleichung $\varphi(x)=0$ folgendermassen ausdrücken:

$$\begin{array}{lllll} x, & \vartheta x, & \vartheta^2 x, & \ldots, & \vartheta^{n-1} x \\ x_1, & \vartheta x_1, & \vartheta^2 x_1, & \ldots, & \vartheta^{n-1} x_1 \\ \cdot & \cdot & \cdot & \cdot & \cdot \\ x_{m-1}, & \vartheta x_{m-1}, & \vartheta^2 x_{m-1}, & \ldots, & \vartheta^{n-1} x_{m-1}, \end{array}$$

und wenn man die Gleichung bildet

$$66)\quad x^n + A' x^{n-1} + A'' x^{n-2} + A''' x^{n-3} + \cdots + A^{(n-1)} x + A^{(n)} = 0,$$

deren Wurzeln x, ϑx, $\vartheta^2 x$, ..., $\vartheta^{n-1} x$ sind, so können die Coefficienten A', A'', ..., $A^{(n)}$ rational ausgedrückt werden durch eine und dieselbe Grösse y, welche Wurzel einer irreductiblen*) Gleichung

$$67)\quad y^m + p_1 y^{m-1} + p_2 y^{m-2} + \cdots + p_{m-1} y + p_m = 0$$

ist, deren Coefficienten bekannte Grössen sind (vgl. § 2),

Die Bestimmung von x lässt sich mit Hülfe der beiden Gleichungen (66) und (67) ausführen. Die erste von diesen Gleichungen ist algebraisch auflösbar, wenn man die Coefficienten d. h. die Grösse y als bekannt annimmt (Vgl. Satz III). Was die Gleichung in y anlangt, so werden wir zeigen, dass ihre Wurzeln dieselbe Eigenschaft besitzen wie diejenigen der gegebenen Gleichung $\varphi(x) = 0$, nämlich durch eine von ihnen rational ausdrückbar zu sein.

Die Grösse y ist (Vgl. 15) eine gewisse rationale und symmetrische Function der Wurzeln x, ϑx, $\vartheta^2 x$, ..., $\vartheta^{n-1} x$. Setzt man

$$68)\left\{\begin{array}{l} y \;\;\;\;\;\; = f(x, \;\; \vartheta x, \;\; \vartheta^2 x, \;\; \ldots, \;\; \vartheta^{n-1} x), \\ y_1 \;\;\;\; = f(x_1, \;\; \vartheta x_1, \;\; \vartheta^2 x_1, \;\; \ldots, \;\; \vartheta^{n-1} x_1) \\ \cdot \;\; \cdot \;\; \cdot \;\; \cdot \;\; \cdot \;\; \cdot \;\; \cdot \;\; \cdot \\ y_{m-1} = f(x_{m-1}, \;\; \vartheta x_{m-1}, \;\; \vartheta^2 x_{m-1}, \;\; \ldots, \;\; \vartheta^{n-1} x_{m-1}). \end{array}\right.$$

so werden die andern Wurzeln der Gleichung (67) sein:

In dem Falle nun, den wir betrachten, sind x_1, x_2, ..., x_{m-1} rationale Functionen der Wurzel x. Setzen wir also:

$$x_1 = \vartheta_1 x,\; x_2 = \vartheta_2 x,\; \ldots,\; x_{m-1} = \vartheta_{m-1} x,$$

so werden die Wurzeln der Gleichung (67) die Form haben:

$$y_1 = f(\vartheta_1 x,\; \vartheta\vartheta_1 x,\; \vartheta^2\vartheta_1 x,\; \ldots,\; \vartheta^{n-1}\vartheta_1 x).$$

*) Man beweist leicht, dass diese Gleichung nicht reductibel sein kann. Ist $R = 0$ die irreductible Gleichung in y und ν ihr Grad, so erhält man durch Elimination von y eine Gleichung in x vom Grade $n\nu$; mithin $n\nu \gtreqless \mu$. Man hat aber $\mu = m \cdot n$, mithin $\nu \gtreqless m$, was unmöglich ist, da ν kleiner als m ist.

Der Voraussetzung nach haben die Functionen ϑ und ϑ_1 die Eigenschaft, dass

$$\vartheta\vartheta_1 x = \vartheta_1\vartheta x$$

ist, eine Gleichung, die dem Satze I zufolge auch gelten wird, wenn man für x irgend eine andere Wurzel der Gleichung $\varphi(x) = 0$ substituiert. Man erhält daraus nach und nach:

$$\begin{aligned} \vartheta^2\vartheta_1 x &= \vartheta\vartheta_1\vartheta x &&= \vartheta_1\vartheta^2 x \\ \vartheta^3\vartheta_1 x &= \vartheta\vartheta_1\vartheta^2 x &&= \vartheta_1\vartheta^3 x \\ &\cdots\cdots\cdots \\ \vartheta^{n-1}\vartheta_1 x &= \vartheta\vartheta_1\vartheta^{n-2} x &&= \vartheta_1\vartheta^{n-1} x. \end{aligned}$$

Hierdurch geht der Ausdruck von y_1 über in:

$$y_1 = f(\vartheta_1 x,\ \vartheta_1\vartheta x,\ \vartheta_1\vartheta^2 x,\ \ldots,\ \vartheta_1\vartheta^{n-1} x),$$

und man sieht, dass y_1 ebenso wie y eine rationale und symmetrische Function der Wurzeln

$$x,\ \vartheta x,\ \vartheta^2 x,\ \ldots,\ \vartheta^{n-1} x$$

ist. Man kann daher (§ 2) y_1 rational durch y und durch bekannte Grössen ausdrücken. Dieselbe Schlussreihe findet Anwendung auf jede andere Wurzel der Gleichung (67).

Sind jetzt λy, $\lambda_1 y$ zwei beliebige Wurzeln, so behaupte ich, dass man

$$\lambda\lambda_1 y = \lambda_1\lambda y$$

hat. Denn hat man z. B.

$$\lambda y = f(\vartheta_1 x,\ \vartheta\vartheta_1 x,\ \ldots,\ \vartheta^{n-1}\vartheta_1 x),$$

falls

$$y = f(x,\ \vartheta x,\ \ldots,\ \vartheta^{n-1} x)$$

ist, so erhält man, wenn man $\vartheta_2 x$ für x setzt:

$$\lambda y_2 = f(\vartheta_1\vartheta_2 x,\ \vartheta\vartheta_1\vartheta_2 x,\ \ldots,\ \vartheta^{n-1}\vartheta_1\vartheta_2 x),$$

wo

$$y_2 = f(\vartheta_2 x,\ \vartheta\vartheta_2 x,\ \ldots,\ \vartheta^{n-1}\vartheta_2 x)$$

ist. Mithin:

$$\lambda\lambda_1 y = f(\vartheta_1\vartheta_2 x,\ \vartheta\vartheta_1\vartheta_2 x,\ \ldots,\ \vartheta^{n-1}\vartheta_1\vartheta_2 x)$$

und ebenso:

$$\lambda_1\lambda y = f(\vartheta_2\vartheta_1 x,\ \vartheta\vartheta_2\vartheta_1 x,\ \ldots,\ \vartheta^{n-1}\vartheta_2\vartheta_1 x),$$

folglich, da $\vartheta_1\vartheta_2 x = \vartheta_2\vartheta_1 x$:

$$\lambda\lambda_1 y = \lambda_1\lambda y.$$

Die Wurzeln der Gleichung (67) haben daher genau dieselbe Eigenschaft, wie diejenigen der Gleichung $\varphi(x) = 0$.

Nachdem dieses festgestellt ist, kann man auf die Gleichung (67) dasselbe Verfahren anwenden wie auf die Gleichung $\varphi(x) = 0$; d. h. die Bestimmung von y kann ausgeführt werden mit Hülfe zweier Gleichungen, von denen die eine algebraisch auflösbar ist und die andere die Eigenschaft der Gleichung $\varphi(x) = 0$ besitzt. Mithin lässt sich dasselbe Verfahren wieder auf diese letztere Gleichung anwenden. Fährt man so fort, so wird offenbar die Bestimmung von x ausgeführt werden können vermittelst einer gewissen Anzahl von Gleichungen, welche sämtlich algebraisch lösbar sind. Somit wird schliesslich die Gleichung $\varphi(x) = 0$ vermittelst algebraischer Operationen lösbar sein, wenn man diejenigen Grössen als bekannt ansieht, welche neben x in den Functionen

$$\varphi(x),\quad \vartheta x,\quad \vartheta_1 x,\quad \vartheta_2 x,\ \ldots,\ \vartheta_{m-1} x$$

auftreten.

Offenbar wird der Grad jeder der Gleichungen, auf welche sich die Bestimmung von x reduciert, ein Factor der Zahl μ sein, welche den Grad der Gleichung $\varphi(x) = 0$ bezeichnet; und

Satz IX. Bezeichnet man die Grade dieser Gleichungen respective mit

$$n,\quad n_1,\quad n_2,\ \ldots,\ n_\omega$$

so hat man:

$$\mu = n \cdot n_1 \cdot n_2 \cdot \cdots n_\omega.$$

Hält man das Vorhergehende mit den Auseinandersetzungen im § 3 zusammen, so hat man folgenden Satz:

Satz X. Nimmt man an, dass der Grad μ der Gleichung $\varphi(x) = 0$ in folgender Weise zusammengesetzt sei:

$$\mu = \varepsilon_1^{\nu_1} \cdot \varepsilon_2^{\nu_2} \cdot \varepsilon_3^{\nu_3} \cdots \varepsilon_\omega^{\nu_\omega}, \tag{69}$$

wo $\varepsilon_1, \varepsilon_2, \varepsilon_3, \ldots, \varepsilon_\omega$ Primzahlen bedeuten, so kann die Bestimmung von x ausgeführt werden mittelst der Auflösung von ν_1 Gleichungen vom Grade ε_1, ν_2 Gleichungen vom Grade ε_2, u. s. w., und alle diese Gleichungen sind algebraisch auflösbar.

Im Falle $\mu = 2^\nu$ lässt sich der Wert von x mittelst der Ausziehung von ν Quadratwurzeln finden.

§ 5.

Anwendung auf die Kreisfunctionen.

Bezeichnet man mit a die Grösse $\frac{2\pi}{\mu}$, so kann man bekanntlich eine algebraische Gleichung vom Grade μ finden, deren Wurzeln die μ Grössen

$$\cos a,\quad \cos 2a,\quad \cos 3a,\ \ldots,\ \cos \mu a$$

und deren Coefficienten rationale Zahlen sind. Diese Gleichung ist:

$$x^\mu - \frac{1}{4}\mu x^{\mu-2} + \frac{1}{16}\frac{\mu(\mu-3)}{1 \cdot 2} x^{\mu-4} - \cdots = 0. \tag{70}$$

Wir werden sogleich sehen, dass diese Gleichung dieselbe Eigenschaft besitzt, wie die im vorigen Paragraphen betrachtete Gleichung $\chi(x)=0$.

Ist $\cos a = x$, so hat man nach einer bekannten Formel für jeden Wert von a:

$$\text{71)} \qquad \cos ma = \vartheta(\cos a),$$

wo ϑ eine ganze Function bezeichnet. Mithin ist $\cos ma$, welches irgend eine Wurzel der Gleichung (70) darstellt, eine rationale Function der Wurzel x. Ist $\vartheta_1 x$ eine andere Wurzel, so behaupte ich, dass man hat:

$$\vartheta\vartheta_1 x = \vartheta_1\vartheta x.$$

Ist nämlich $\vartheta_1 x = \cos m'a$, so giebt die Formel (71), wenn man $m'a$ für a setzt:

$$\cos(mm'a) = \vartheta(\cos m'a) = \vartheta\vartheta_1 x.$$

Ebenso hat man:

$$\cos(m'ma) = \vartheta_1(\cos ma) = \vartheta_1\vartheta x;$$

mithin:

$$\vartheta\vartheta_1 x = \vartheta_1\vartheta x.$$

Folglich lässt sich, den Auseinandersetzungen des vorigen Paragraphen zufolge,

$$x \text{ oder } \cos a = \cos\frac{2\pi}{\mu}$$

algebraisch bestimmen. Dies ist bekannt.

Nehmen wir jetzt an, dass μ eine Primzahl $= 2n+1$ sei, so sind die Wurzeln der Gleichung (70):

$$\cos\frac{2\pi}{2n+1},\quad \cos\frac{4\pi}{2n+1},\quad \ldots,\quad \cos\frac{4n\pi}{2n+1},\quad \cos 2\pi.$$

Die letzte Wurzel $\cos 2\pi$ ist gleich 1; mithin ist die Gleichung (70) durch $x-1$ teilbar. Die andern Wurzeln sind paarweise einander gleich, denn man hat $\cos\frac{2m\pi}{2n+1} = \cos\frac{(2n+1-m)2\pi}{2n+1}$; folglich kann man eine Gleichung finden, deren Wurzeln sind:

$$\text{72)} \qquad \cos\frac{2\pi}{2n+1},\quad \cos\frac{4\pi}{2n+1},\quad \ldots,\quad \cos\frac{2n\pi}{2n+1}.$$

Diese Gleichung ist:

$$\text{73)} \qquad x^n + \frac{1}{2}x^{n-1} - \frac{1}{4}(n-1)x^{n-2} - \frac{1}{8}(n-2)x^{n-3} + \frac{1}{16}\frac{(n-2)(n-3)}{1\cdot 2}x^{n-4} + \frac{1}{32}\frac{(n-3)(n-4)}{1\cdot 2}x^{n-5} - \cdots = 0.$$

Dies vorausgesetzt, sei

$$\cos\frac{2\pi}{2n+1} = x = \cos a.$$

Nach dem Vorhergehenden hat man:

$$\cos\frac{2m\pi}{2n+1} = \vartheta x = \cos ma.$$

Die Gleichung (73) wird daher befriedigt durch die Wurzeln:

74) $$x,\ \vartheta x,\ \vartheta^2 x,\ \vartheta^3 x,\ \ldots$$

Es ist, welches auch der Wert von a sein möge:

$$\vartheta(\cos a) = \cos ma.$$

Hieraus erhält man nach und nach:

$$\begin{aligned}
\vartheta^2(\cos a) &= \vartheta(\cos ma) &&= \cos m^2 a\\
\vartheta^3(\cos a) &= \vartheta(\cos m^2 a) &&= \cos m^3 a\\
&\ldots\\
\vartheta^{\mu}(\cos a) &= \vartheta(\cos m^{\mu-1} a) &&= \cos m^{\mu} a
\end{aligned}$$

Die Wurzeln (74) werden also:

75) $$\cos a,\ \cos ma,\ \cos m^2 a,\ \cos m^3 a,\ \ldots,\ \cos m^{\mu} a,\ \ldots$$

Dies vorausgeschickt, behaupte ich, dass, wenn m eine primitive Wurzel für den Modul $2n+1$ ist (Vgl. Gauss, *Disquis. arithm.* Artikel 57), sämtliche Wurzeln

76) $$\cos a,\ \cos ma,\ \cos m^2 a,\ \cos m^3 a,\ \ldots,\ \cos m^{n-1} a$$

von einander verschieden sind. Hätte man nämlich

$$\cos m^{\mu} a = \cos m^{\nu} a,$$

wo μ und ν kleiner als n sind, so würde hieraus folgen:

$$m^{\mu} a = \pm m^{\nu} a + 2k\pi,$$

wo k eine ganze Zahl ist. Dies giebt, indem man für a seinen Wert $\frac{2\pi}{2n+1}$ setzt:

$$m^{\mu} = \pm m^{\nu} + k(2n+1)$$

mithin:

$$m^{\mu} \mp m^{\nu} = m^{\nu}(m^{\mu-\nu} \mp 1) = k(2n+1),$$

und somit würde $m^{2(\mu-\nu)} - 1$ durch $2n+1$ teilbar sein, was unmöglich ist, da $2(\mu-\nu) < 2n$ ist und wir vorausgesetzt haben, dass m eine primitive Wurzel sei.

Man hat ferner:

$$\cos m^n a = \cos a;$$

denn es ist $m^{2n} - 1$ oder $(m^n - 1)\ (m^n + 1)$ durch $2n+1$ teilbar, mithin:

$$m^n = -1 + k(2n+1)$$

und somit:

$$\cos m^n a = \cos(-a + 2k\pi) = \cos a.$$

Hieraus sieht man, dass die n Wurzeln der Gleichung (73) durch (76) d. h. durch

$$x, \ \vartheta x, \ \vartheta^2 x, \ \vartheta^3 x, \ \ldots, \ \vartheta^{n-1} x, \quad \text{wo } \vartheta^n x = x,$$

dargestellt werden können. Folglich ist nach Satz III diese Gleichung algebraisch auflösbar.

Setzt man $n = m_1 \cdot m_2 \cdot \cdots m_\omega$, so kann man den ganzen Umfang des Kreises mit Hülfe von ω Gleichungen von den Graden $m_1, m_2, m_3, \ldots, m_\omega$ in $2n+1$ gleiche Teile teilen. Sind die Zahlen $m_1, m_2, \ldots, m_\omega$ zu einander prim, so sind die Coefficienten dieser Gleichungen rationale Zahlen.

Nimmt man $n = 2^\omega$, so erhält man den bekannten Satz über die regulären Polygone, welche geometrisch construiert werden können.

Aus dem Satze V ersieht man, dass es, um den ganzen Umfang des Kreises in $2n+1$ gleiche Teile zu teilen, genügt

1. den ganzen Umfang des Kreises in $2n$ gleiche Teile zu teilen,
2. einen Bogen, den man alsdann construieren kann, in $2n$ gleiche Teile zu teilen,
3. die Quadratwurzel aus einer einzigen Grösse ρ zu ziehen.

Gauss hat diesen Satz in seinen *Disquisitiones* ausgesprochen und hinzugefügt, dass die Grösse, aus welcher man die Wurzel zu ziehen hat, gleich $2n+1$ ist. Dies kann man leicht folgendermassen beweisen.

Wie wir sahen ((40), (38), 46)), ist ρ der numerische Wert der Grösse:

$$(x + \alpha\vartheta x + \alpha^2\vartheta^2 x + \cdots + \alpha^{n-1}\vartheta^{n-1}x)(x + \alpha^{n-1}\vartheta x + \alpha^{n-2}\vartheta^2 x + \cdots + \alpha\vartheta^{n-1}x),$$

wo $\alpha = \cos\frac{2\pi}{n} + \sqrt{-1}\sin\frac{2\pi}{n}$ ist. Substituiert man für $x, \vartheta x, \ldots$ ihre Werte $\cos a, \cos ma, \cos m^2 a, \ldots$, so hat man:

$$\begin{aligned} \pm\rho = (&\cos a + \alpha\cos ma + \alpha^2\cos m^2 a + \cdots + \alpha^{n-1}\cos m^{n-1}a) \\ \times(&\cos a + \alpha^{n-1}\cos ma + \alpha^{n-2}\cos m^2 a + \cdots + \alpha\cos m^{n-1}a). \end{aligned}$$

Entwickelt man und bringt man $\pm\rho$ auf die Form:

$$\pm\rho = t_0 + t_1\alpha + t_2\alpha^2 + \cdots + t_{n-1}\alpha^{n-1},$$

so findet man leicht:

$$\begin{aligned} t_\mu = {} & \cos a \cdot \cos m^\mu a + \cos ma \cdot \cos m^{\mu+1}a + \cdots + \cos^{n-1-\mu} a \cdot \cos m^{n-1} a \\ & + \cos m^{n-\mu}a \cdot \cos a + \cos m^{n-\mu+1}a \cdot \cos ma + \cdots + \cos m^{n-1}a \cdot \cos m^{\mu-1}a. \end{aligned}$$

Nun ist:

$$\cos m^\nu a \cdot \cos m^{\mu+\nu}a = \tfrac{1}{2}\cos(m^{\mu+\nu}a + m^\nu a) + \tfrac{1}{2}\cos(m^{\mu+\nu}a - m^\nu a),$$

mithin:

$$t_\mu = \tfrac{1}{2}[\cos(m^\mu + 1)a + \cos(m^\mu + 1)ma + \cdots + \cos(m^\mu + 1)m^{n-1}a]$$
$$+ \tfrac{1}{2}[\cos(m^\mu - 1)a + \cos(m^\mu - 1)ma + \cdots + \cos(m^\mu - 1)m^{n-1}a].$$

Setzt man:

$$(m^\mu + 1)a = a', \quad (m^\mu - 1)a = a'',$$

so erhält man:

$$t_\mu = \tfrac{1}{2}[\cos a' + \vartheta(\cos a') + \vartheta^2(\cos a') + \cdots + \vartheta^{n-1}(\cos a')]$$
$$+ \tfrac{1}{2}[\cos a'' + \vartheta(\cos a'') + \vartheta^2(\cos a'') + \cdots + \vartheta^{n-1}(\cos a'')].$$

Nun sind zwei Fälle möglich, nämlich entweder ist μ verschieden von Null oder gleich Null.

Im ersten Falle sind offenbar $\cos a'$ und $\cos a''$ Wurzeln der Gleichung (73), mithin $\cos a' = \vartheta^\delta x$, $\cos a'' = \vartheta^\varepsilon x$. Setzt man dies ein und beachtet, dass $\vartheta^n x = x$ ist, so ergiebt sich:

$$t_\mu = \tfrac{1}{2}[\vartheta^\delta x + \vartheta^{\delta+1}x + \cdots + \vartheta^{n-1}x + x + \vartheta x + \cdots + \vartheta^{\delta-1}x]$$
$$+ \tfrac{1}{2}[\vartheta^\varepsilon x + \vartheta^{\varepsilon+1}x + \cdots + \vartheta^{n-1}x + x + \vartheta x + \cdots + \vartheta^{\varepsilon-1}x],$$

mithin:

$$t_\mu = x + \vartheta x + \vartheta^2 x + \cdots + \vartheta^{n-1}x,$$

d. h. t_μ ist gleich der Summe der Wurzeln; folglich nach Gleichung (73):

$$t_\mu = -\tfrac{1}{2}.$$

In dem Falle, wo $\mu = 0$ ist, wird der Wert von t_μ:

$$t_0 = \tfrac{1}{2}(\cos 2a + \cos 2ma + \cdots + \cos 2m^{n-1}a) + \tfrac{1}{2}n.$$

Nun ist aber $\cos 2a$ eine Wurzel der Gleichung (73); setzt man also

$$\cos 2a = \vartheta^\delta x,$$

so erhält man:

$$\cos 2a + \cos 2ma + \cdots + \cos 2m^{n-1}a$$
$$= \vartheta^\delta x + \vartheta^{\delta+1}x + \cdots + \vartheta^{n-1}x + x + \vartheta x + \cdots + \vartheta^{\delta-1}x = -\tfrac{1}{2};$$

folglich:

$$t_0 = \tfrac{1}{2}n - \tfrac{1}{4}.$$

Zufolge dieser Werte von t_0 und t_μ wird der Wert von $\pm\rho$:

$$\pm\rho = \tfrac{1}{2}n - \tfrac{1}{4} - \tfrac{1}{2}(\alpha + \alpha^2 + \alpha^3 + \cdots + \alpha^{n-1});$$

es ist aber

$$\alpha + \alpha^2 + \alpha^3 + \cdots + \alpha^{n-1} = -1,$$

mithin:

$$\pm\rho = \tfrac{1}{2}n + \tfrac{1}{4},$$

und da ρ wesentlich positiv ist:

$$\rho = \frac{2n+1}{4}.$$

Dieser Wert von ρ giebt

$$\sqrt{\rho} = \tfrac{1}{2}\sqrt{2n+1}.$$

Folglich ist die Quadratwurzel, welche man ausziehen muss, dic Quadratwurzel aus $2n+1$, wie Gauss behauptet hat.*)

*) In dem Falle, wo n eine ungerade Zahl ist, kann man sogar die Ausziehung dieser Quadratwurzel umgehen.

Über die algebraische Auflösung der Gleichungen.

(Oeuvres complètes, 1881, Bd. II S. 217).

Eins der interessantesten Probleme der Algebra ist dasjenige der algebraischen Auflösung der Gleichungen. Auch findet man, dass fast alle ausgezeichneteren Geometer diesen Gegenstand behandelt haben. Man gelangte ohne Schwierigkeit zu dem allgemeinen Ausdruck der Wurzeln der Gleichungen der vier ersten Grade. Man entdeckte für die Auflösung dieser Gleichungen eine gleichförmige Methode, die man glaubte auch auf die Gleichungen von höherem Grade anwenden zu können; aber trotz aller Bemühungen eines Lagrange und anderer hervorragender Geometer vermochte man nicht zu dem gesteckten Ziele zu gelangen. Dies liess vermuten, dass die Auflösung der allgemeinen Gleichungen algebraisch unmöglich ist; man konnte aber hierüber zu keiner Entscheidung kommen, weil die angewandte Methode zu sicheren Schlüssen nur dann führen konnte, wenn die Gleichungen lösbar waren. In der That stellte man sich die Aufgabe, die Gleichungen aufzulösen, ohne zu wissen, ob dies möglich sei. In jenem Falle konnte man vielleicht zur Auflösung gelangen, obwohl dies keineswegs sicher war; wenn aber unglücklicherweise die Auflösung unmöglich war, hätte man sie ewig suchen können, ohne sie zu finden. Um unfehlbar zu einem Schlusse in dieser Sache zu gelangen, muss man somit einen andern Weg einschlagen. Man muss der Aufgabe eine solche Form geben, dass es immer möglich ist, sie zu lösen, was bei jedem beliebigen Probleme stets geschehen kann. Anstatt eine Beziehung zu suchen, von der man nicht weiss, ob sie existiert oder nicht, muss man fragen, ob eine solche Beziehung wirklich möglich ist. So muss man z. B. in der Integralrechnung die Differentialformeln nicht durch eine Art von Probieren oder durch einen glücklichen Einfall zu integrieren suchen, sondern man muss vielmehr untersuchen, ob es möglich ist, sie auf diese oder jene Weise zu integrieren. Wenn man eine Aufgabe in dieser Weise stellt, enthält schon der Ausspruch derselben den Keim der Lösung und zeigt den Weg, den man einschlagen muss, und ich glaube, dass es nur wenig Fälle geben wird, wo man nicht zu mehr oder minder wichtigen Sätzen gelangte, selbst dann, wenn man die gestellte Frage der complicierten Rechnungen wegen nicht vollständig beantworten könnte. Der Grund dafür, dass diese Methode, welche unstreitig die einzig wissenschaftliche ist, weil sie die einzige ist, von der man von vornherein weiss, dass sie zu dem gesteckten Ziele führen kann, wenig gebräuchlich ist in der Mathematik, ist die ausserordentliche Compliciertheit, der sie bei den meisten Problemen zu unterliegen scheint, besonders wenn dieselben eine gewisse Allgemeinheit haben; diese Compliciertheit ist jedoch in vielen Fällen nur scheinbar und verschwindet gleich beim ersten Angriff. Ich habe mehrere Zweige der Analysis in dieser Weise behandelt und, wenn ich mir auch zuweilen Aufgaben gestellt habe, die meine Kräfte überstiegen, so bin ich trotzdem zu einer grossen Zahl von allgemeinen Resultaten gelangt, die auf die Natur der Grössen, deren Erforschung der Gegenstand der Mathematik ist, helles Licht werfen. Besonders in der Integralrechnung ist diese Methode leicht anzuwenden. Bei einer andern Gelegenheit werde ich die Resultate angeben, zu denen ich bei diesen Untersuchungen gekommen bin, und den Weg, der mich zu ihnen geführt hat. In dieser Abhandlung gedenke ich das Problem der algebraischen Auflösung der Gleichungen in seiner ganzen Allgemeinheit zu behandeln. Der erste und, irre ich nicht, der einzige, welcher vor mir die Unmöglichkeit der algebraischen Auflösung der allgemeinen Gleichungen zu beweisen versucht hat, ist der Geometer Ruffini; aber seine Abhandlung ist so compliciert, dass es schwer ist, über die Richtigkeit seiner Schlüsse ein Urteil zu fällen. Es scheint mir, als ob seine Schlussreihe nicht immer befriedigend sei. Der Beweis, den ich im ersten Hefte dieses Journals*) gegeben habe, dürfte meines Erachtens hinsichtlich der Strenge nichts zu wünschen übrig lassen, doch besitzt er nicht die ganze Einfachheit, deren er fähig ist. Ich bin zu einem andern, auf denselben Prinzipien beruhenden, aber einfacheren Beweise gekommen, als ich ein allgemeineres Problem zu lösen versuchte.

Bekanntlich kann jeder algebraische Ausdruck einer Gleichung Genüge leisten, deren Grad höher oder niedriger ist, je nach der besonderen Beschaffenheit dieses Ausdrucks. Auf diese Weise giebt es unendlich viele besondere Gleichungen, welche algebraisch lösbar sind. Hieraus ergeben sich in natürlicher Weise die beiden folgenden Probleme, deren vollständige Lösung die ganze Theorie der algebraischen Auflösung der Gleichungen umfasst, nämlich

1. „Alle Gleichungen von irgend einem bestimmten Grade zu finden, welche algebraisch lösbar sind;"
2. „Zu entscheiden, ob eine gegebene Gleichung algebraisch lösbar ist oder nicht."

Die Betrachtung dieser beiden Probleme bildet den Gegenstand dieser Abhandlung, und wenn wir auch nicht die vollständige Lösung derselben

---

*) Crelle's Journal f. d. r. u. a. Math., Bd. I. Vgl. oben S. 8.

geben, so deuten wir doch wenigstens sichere Wege an, auf denen man zu ihr gelangen kann. Wie man sieht, sind diese beiden Probleme aufs Engste mit einander verknüpft, so dass die Lösung des ersten zu der des zweiten führen muss. Im Grunde genommen sind diese beiden Aufgaben identisch. Im Gange der Untersuchungen kommt man zu mehreren allgemeinen Sätzen über die Gleichungen in Bezug auf ihre Auflösbarkeit und die Form der Wurzeln. In diesen allgemeinen Eigenschaften besteht in Wirklichkeit die Theorie der Gleichungen, insofern sie ihre algebraische Auflösbarkeit betrifft, denn es kommt wenig darauf an, ob man weiss, dass eine Gleichung von specieller Form auflösbar ist oder nicht. Eine dieser allgemeinen Eigenschaften ist z. B. die, dass es unmöglich ist, die allgemeinen Gleichungen über den vierten Grad hinaus algebraisch aufzulösen.

Der grösseren Deutlichkeit wegen wollen wir zunächst mit einigen Worten das vorgelegte Problem analysieren.

Was heisst es zunächst, eine algebraische Gleichung algebraisch zu befriedigen? Vor allen Dingen muss man den Sinn dieses Ausdrucks feststellen. Wenn es sich um eine allgemeine Gleichung handelt, deren sämtliche Coefficienten folglich als unabhängige Veränderliche betrachtet werden können, so muss die Auflösung einer solchen Gleichung darin bestehen, die Wurzeln durch algebraische Functionen der Coefficienten auszudrücken. Diese Functionen können in der gewöhnlichen Auffassung dieses Wortes irgend welche, algebraische oder nicht-algebraische, constante Grössen enthalten. Wenn man will, kann man als besondere Bedingung hinzufügen, dass diese Constanten ebenfalls algebraische Grössen sein sollen, wodurch das Problem ein wenig modificiert werden würde. Allgemein hat man zwei verschiedene Fälle, je nachdem die Coefficienten veränderliche Grössen enthalten oder nicht. Im ersten Falle werden die Coefficienten rationale Functionen einer gewissen Anzahl von Grössen x, z, z', z'', ... sein, die wenigstens eine unabhängige Veränderliche x enthalten. Wir nehmen an, dass die andern irgendwelche Functionen von dieser seien. In diesem Falle sagen wir, dass man der gegebenen Gleichung algebraisch genügen könne, wenn man ihr dadurch genügen kann, dass man für die Unbekannte eine algebraische Function von x, z, z', z'', ... setzt. Wir sagen ebenso, dass die Gleichung algebraisch lösbar sei, wenn man sämtliche Wurzeln auf diese Weise ausdrücken kann. Der Ausdruck einer Wurzel wird in diesem Falle der variablen Coefficienten irgend welche, algebraische oder nicht-algebraische, constante Grössen enthalten können.

In dem zweiten Falle, in welchem die Coefficienten als constante Grössen betrachtet werden, kann man annehmen, dass diese Coefficienten aus andern constanten Grössen mit Hülfe von rationalen Operationen gebildet sind. Bezeichnen wir diese letzteren Grössen durch α, β, γ, ..., so werden wir sagen, man könne die gegebene Gleichung algebraisch befriedigen, wenn es möglich ist, eine oder mehrere Wurzeln durch α, β, γ, ... mit Hülfe von algebraischen Operationen auszudrücken. Kann man auf diese Weise sämtliche Wurzeln ausdrücken, so sagen wir, die Gleichung sei algebraisch auflösbar; die Grössen α, β, γ, ... können übrigens beliebig, algebraisch oder nicht-algebraisch, sein. In dem besonderen Falle, wo alle Coefficienten rational sind, kann man also die Gleichung algebraisch befriedigen, wenn eine oder mehrere ihrer Wurzeln algebraische Grössen sind.

Wir haben zwei Arten von Gleichungen unterschieden, diejenigen, welche algebraisch auflösbar sind, und diejenigen, welche algebraisch befriedigt werden können. In der That giebt es bekanntlich Gleichungen, deren eine oder einige Wurzeln algebraisch sind, ohne dass man dasselbe für alle Wurzeln behaupten könnte.

Hiernach bietet sich der natürliche Weg zur Lösung unsrer Aufgabe ihrem Wortlaut gemäss von selbst dar; man muss nämlich in die gegebene Gleichung für die Unbekannte den allgemeinsten algebraischen Ausdruck substituieren und sodann untersuchen, ob es möglich ist, ihr auf diese Weise zu genügen. Dazu muss man den allgemeinen Ausdruck einer algebraischen Grösse und einer algebraischen Function haben. Man hat daher zunächst folgende Aufgabe:

„Die allgemeinste Form eines algebraischen Ausdrucks zu finden.“

Hat man diese Form gefunden, so hat man den Ausdruck einer algebraischen Wurzel einer beliebigen Gleichung.

Die erste Bedingung, welcher dieser algebraische Ausdruck unterworfen werden muss, ist die, dass er einer algebraischen Gleichung genügen solle. Nun kann er dies aber, wie man weiss, in seiner ganzen Allgemeinheit thun. Mithin ist diese erste Bedingung von selbst erfüllt. Um nun zu erfahren, ob er derart specialisiert werden kann, dass er der gegebenen Gleichung genügt, muss man alle Gleichungen suchen, denen er überhaupt genügen kann, und sodann diese Gleichungen mit der gegebenen vergleichen. Man hat daher folgende Aufgabe:

„Alle möglichen Gleichungen zu finden, denen eine algebraische Function genügen kann.“

Offenbar kann eine und dieselbe algebraische Function unendlich vielen verschiedenen Gleichungen genügen. Wenn daher die gegebene Gleichung algebraisch befriedigt werden kann, so können zwei Fälle stattfinden: entweder wird diese Gleichung die niedrigste von allen sein, welchen jene Function genügen kann, oder es muss eine andere Gleichung von derselben Form, der sie genügen kann, existieren, die von niederem Grade und am einfachsten ist. Im ersten Falle sagen wir, die Gleichung sei irreductibel, im andern, sie sei reductibel. Die gestellte Aufgabe zerlegt sich demnach in die folgenden beiden andern:

1. „Zu entscheiden, ob eine gegebene Gleichung reductibel ist oder nicht.“
2. „Zu entscheiden, ob eine irreductible Gleichung algebraisch befriedigt werden kann oder nicht.“

Betrachten wir zunächst die zweite Aufgabe. Da die gegebene Gleichung irreductibel ist, so wird sie die einfachste Gleichung sein, welcher der gesuchte algebraische Ausdruck genügen kann. Um sich daher zu überzeugen, ob sie befriedigt werden kann oder nicht, muss man die Gleichung niedrigsten Grades suchen, welcher ein algebraischer Ausdruck genügen kann, und sodann diese Gleichung mit der gegebenen vergleichen. Hieraus ergiebt sich die Aufgabe:

„Die Gleichung niedrigsten Grades zu finden, welcher eine algebraische Function genügen kann."

Die Lösung dieser Aufgabe ist der Gegenstand eines zweiten Paragraphen. Man wird auf diese Weise sämtliche irreductiblen Gleichungen erhalten, welche algebraisch befriedigt werden können. Die Untersuchung führt zu den folgenden **Sätzen.**

1. „Wenn eine irreductible Gleichung algebraisch befriedigt werden kann, so ist sie zu gleicher Zeit algebraisch auflösbar, und ihre sämtlichen Wurzeln können dargestellt werden durch denselben Ausdruck, wenn man den darin vorkommenden Wurzelgrössen alle ihre Werte giebt."
2. „Wenn ein algebraischer Ausdruck irgend einer Gleichung genügt, so kann man ihm immer eine solche Form geben, dass er ihr auch noch genügt, wenn man allen verschiedenen Wurzelgrössen, aus denen er zusammengesetzt ist, alle Werte beilegt, deren sie fähig sind."
3. „Der Grad einer irreductiblen, algebraisch auflösbaren Gleichung ist notwendig das Product aus einer gewissen Anzahl von Exponenten von Wurzelgrössen, welche in dem Ausdruck der Wurzeln auftreten."

Nachdem man auf diese Weise gezeigt hat, wie man zu der Gleichung niedrigsten Grades, welcher irgend ein algebraischer Ausdruck genügt, gelangen kann, würde der natürlichste Gang der sein, diese Gleichung zu bilden und sie mit der gegebenen Gleichung zu vergleichen; indessen stösst man hierbei auf Schwierigkeiten, welche unüberwindlich erscheinen. Denn wenn man auch eine allgemeine Regel, um die einfachste Gleichung in jedem besonderen Falle zu bilden, angegeben hat, ist man doch weit davon entfernt, dadurch die Gleichung selbst zu besitzen. Und selbst wenn es gelänge, diese Gleichung zu finden, wie würde man entscheiden können, ob Coefficienten von solcher Compliciertheit wirklich denen der gegebenen Gleichung gleich sind? Ich bin jedoch zu dem vorgesteckten Ziele auf einem andern Wege gelangt, nämlich durch Verallgemeinerung der Aufgabe.

Ist zunächst die Gleichung gegeben, so ist es ihr Grad ebenfalls. Es bietet sich also gleich zuerst die folgende Aufgabe dar:

„Den allgemeinsten algebraischen Ausdruck zu finden, welcher einer Gleichung von einem gegebenen Grade genügen kann."

In natürlicher Weise wird man dazu geführt, zwei Fälle zu betrachten, je nachdem der Grad der Gleichung eine Primzahl ist oder nicht.

Obwohl wir nicht die vollständige Lösung dieser Aufgabe gegeben haben, hat doch der natürliche Gang der Auflösung zu mehreren allgemeinen Sätzen geführt, die an und für sich sehr bemerkenswert sind und die zu der Lösung des Problems, mit dem wir uns beschäftigen, geführt haben. Die wichtigsten dieser **Sätze** sind die folgenden:

1. „Wenn eine irreductible Gleichung von einem Primzahlgrade μ algebraisch lösbar ist, so werden die Wurzeln die folgende Form haben:

$$y = A + \sqrt[\mu]{R_1} + \sqrt[\mu]{R_2} + \cdots + \sqrt[\mu]{R_{\mu-1}},$$

wo A eine rationale Grösse ist und $R_1, R_2, \ldots, R_{\mu-1}$ die Wurzeln einer Gleichung $\mu-1^{\text{ten}}$ Grades sind."

2. „Wenn eine irreductible Gleichung, deren Grad eine Potenz einer Primzahl μ^α ist, algebraisch lösbar ist, so muss von zwei Dingen das eine stattfinden: entweder ist die Gleichung in $\mu^{\alpha-\beta}$ Gleichungen zerlegbar, von denen jede vom Grade μ^β ist und deren Coefficienten von Gleichungen vom Grade $\mu^{\alpha-\beta}$ abhängen, oder man kann irgend eine der Wurzeln durch die Formel ausdrücken:

$$y = A + \sqrt[\mu]{R_1} + \sqrt[\mu]{R_2} + \cdots + \sqrt[\mu]{R_\nu},$$

wo A eine rationale Grösse ist und $R_1, R_2, \ldots, R_\nu$ Wurzeln einer und derselben Gleichung vom Grade ν sind, wobei diese letztere Zahl höchstens gleich $\mu^\alpha-1$ ist."

3. „Wenn eine irreductible Gleichung vom Grade μ, welche Zahl durch unter einander verschiedene Primzahlen teilbar ist, algebraisch lösbar ist, so kann man immer μ in zwei Factoren μ_1 und μ_2 zerlegen, so dass die gegebene Gleichung in μ_1 Gleichungen zerlegbar ist, deren jede vom Grade μ_2 ist und deren Coefficienten abhängen von Gleichungen vom Grade μ_1."

4. „Wenn eine irreductible Gleichung vom Grade μ^α, wo μ eine Primzahl ist, algebraisch lösbar ist, so kann man immer irgend eine der Wurzeln durch die Formel ausdrücken:

$$y = f\left(\sqrt[\mu]{R_1}, \sqrt[\mu]{R_2}, \ldots, \sqrt[\mu]{R_\alpha}\right),$$

wo f eine rationale und symmetrische Function der in Parenthese eingeschlossenen Wurzelgrössen und $R_1, R_2, \ldots, R_\alpha$ Wurzeln einer und derselben Gleichung bezeichnen, deren Grad höchstens gleich $\mu^\alpha - 1$ ist."

Diese Sätze sind die bemerkenswertesten, zu denen ich gekommen bin, aber hierneben findet man im Verlauf der Abhandlung eine Menge andrer allgemeiner Eigenschaften der Wurzeln, Eigenschaften, die hier anzugeben zu weit führen würde. Ich will nur noch ein Wort über die Beschaffenheit der Wurzelgrössen, welche in dem Ausdruck der Wurzeln vorkommen können, hinzufügen. Zunächst zeigt der dritte Satz, dass, wenn der Grad einer irreductiblen Gleichung dargestellt wird durch

$$\mu_1^{\alpha_1} \cdot \mu_2^{\alpha_2} \cdot \mu_3^{\alpha_3} \cdots \mu_\omega^{\alpha_\omega},$$

in dem Ausdruck der Wurzeln keine andern Wurzelgrössen auftreten können, als diejenigen, welche in dem Ausdruck der Wurzeln von Gleichungen der Grade $\mu_1^{\alpha_1}, \mu_2^{\alpha_2}, \mu_3^{\alpha_3}, \ldots, \mu_\omega^{\alpha_\omega}$ vorkommen können.

Aus den allgemeinen Sätzen, zu denen man auf diese Weise gelangt ist, leitet man dann eine allgemeine Regel her, um zu erkennen, ob eine gegebene Gleichung lösbar ist oder nicht. In der That wird man zu dem bemerkenswerten Resultat geführt, dass man, wenn eine irreductible Gleichung algebraisch lösbar ist, in allen Fällen die Wurzeln mittelst der von Lagrange für die Auflösung der Gleichungen angegebenen Methode finden kann, d. h. wenn man den Gang von Lagrange befolgt, muss man zu Gleichungen gelangen, welche wenigstens eine Wurzel haben, die rational durch die Coefficienten ausgedrückt werden kann. Überdies hat Lagrange gezeigt, dass man die Auflösung einer Gleichung vom Grade ... auf diejenige von ... Gleichungen respective von den Graden ... mit Hülfe einer Gleichung vom Grade ... zurückführen kann. Wir werden beweisen, dass es diese Gleichung ist, welche notwendig mindestens eine rational durch ihre Coefficienten ausdrückbare Wurzel haben muss, wenn die gegebene Gleichung algebraisch lösbar sein soll.

Wenn also diese Bedingung nicht erfüllt ist, so ist dies ein unwiderleglicher Beweis dafür, dass die Gleichung nicht lösbar ist; indessen ist zu bemerken, dass sie erfüllt sein kann, ohne dass die Gleichung in Wirklichkeit algebraisch lösbar ist. Um dies zu entscheiden, muss man noch die Hülfsgleichungen derselben Untersuchung unterwerfen. In dem Falle jedoch, wo der Grad der gegebenen Gleichung eine Primzahl ist, genügt, wie wir zeigen werden, immer die erste Bedingung. Aus dem Vorhergehenden war es sodann leicht, die Folgerung zu ziehen, dass es unmöglich ist, die allgemeinen Gleichungen aufzulösen.

§ 1.

Bestimmung der allgemeinen Form eines algebraischen Ausdrucks.

Wie wir oben bemerkt haben, muss man vor allen Dingen die allgemeine Form eines algebraischen Ausdrucks kennen. Diese Form muss aus einer allgemeinen Definition hergeleitet werden. Die letztere ist:

„Man sagt, eine Grösse y lasse sich algebraisch durch mehrere andere Grössen ausdrücken, wenn man sie aus diesen letzteren mittelst einer begrenzten Anzahl der folgenden Operationen bilden kann:
1. Addition. 2. Subtraction. 3. Multiplikation. 4. Division.
5. Ausziehung von Wurzeln mit Primzahlexponenten.“

Wir haben unter diesen Operationen die Erhebung zu ganzen Potenzen und die Ausziehung von Wurzeln mit zusammengesetzten Exponenten nicht mit aufgezählt, weil sie nicht notwendig sind, da die erste in der Multiplikation, die zweite in der Ausziehung der Wurzeln mit Primzahlexponenten enthalten ist.

Wenn die drei ersten der obigen Operationen allein erforderlich sind, um die Grösse y zu bilden, so wird sie rational und ganz in Bezug auf die bekannten Grössen genannt, und wenn die vier ersten Operationen allein erforderlich sind, so heisst sie rational. Je nach der Natur der bekannten Grössen machen wir die folgenden Unterscheidungen:

1. Eine Grösse, welche algebraisch durch die Einheit ausgedrückt werden kann, heisst eine algebraische Zahl; lässt sie sich rational durch die Einheit ausdrücken, so heisst sie eine rationale Zahl, und wenn sie aus der Einheit durch Addition, Subtraction und Multiplikation gebildet werden kann, so heisst sie eine ganze Zahl.
2. Wenn die bekannten Grössen eine oder mehrere veränderliche Grössen enthalten, so wird die Grösse y eine algebraische, rationale oder ganze Function dieser Grössen genannt je nach der Natur der zu ihrer Bildung erforderlichen Operationen. In diesem Falle betrachtet man als bekannte Grösse jede constante Grösse.

Mit Hülfe dieser Definitionen begründet man ohne Schwierigkeit die folgenden schon längst bekannten **Sätze**.

1. Eine Grösse y, welche ganz durch die Grössen $\alpha_1, \alpha_2, \ldots, \alpha_n$ ausdrückbar ist, kann durch Addition mehrerer Glieder von der Form
$$A \cdot \alpha_1^{m_1} \cdot \alpha_2^{m_2} \cdots \alpha_n^{m_n}$$
gebildet werden, wo A eine ganze Zahl ist und $m_1, m_2, \ldots, m_n$ ganze Zahlen einschliesslich der Null sind.
2. Eine Grösse y, die rational durch $\alpha_1, \alpha_2, \ldots, \alpha_n$ ausdrückbar ist, kann immer in die Form
$$y = \frac{y_1}{y_2}$$
gesetzt werden, wo y_1 und y_2 ganz durch dieselben Grössen ausgedrückt sind.
3. Eine rationale Zahl kann immer auf die Form gebracht werden:
$$\frac{y_1}{y_2},$$
wo y_1 und y_2 ganze positive zu einander prime Zahlen sind.

4. Eine ganze Function y von mehreren veränderlichen Grössen x_1, $x_2, \ldots, x_n$ kann stets durch Addition einer beschränkten Anzahl von Gliedern von der Form

$$A \cdot x_1^{m_1} \cdot x_2^{m_2} \cdot \ldots \cdot x_n^{m_n}$$

gebildet werden, wo A eine constante Grösse ist und $m_1, m_2, \ldots, m_n$ ganze Zahlen einschliesslich der Null sind.

5. Eine rationale Function y von mehreren Grössen $x_1, x_2, \ldots, x_n$ kann stets auf die Form gebracht werden:

$$\frac{y_1}{y_2},$$

wo y_1 und y_2 ganze Functionen sind, welche keinen gemeinschaftlichen Factor haben.

Es bleibt uns hiernach nur noch übrig, die Form der algebraischen Ausdrücke allgemein zu bestimmen.

Welches auch die Form eines algebraischen Ausdrucks sein möge, er darf zunächst nur eine beschränkte Anzahl von Wurzelgrössen enthalten. Bezeichnen wir alle verschiedenen Wurzelgrössen durch

$$\sqrt[\mu_1]{R_1}, \sqrt[\mu_2]{R_2}, \sqrt[\mu_3]{R_3}, \ldots, \sqrt[\mu_n]{R_n},$$

so ist klar, dass die gegebene Grösse rational durch diese Wurzelgrössen und die bekannten Grössen dargestellt werden kann. Wir bezeichnen diese Grösse durch:

$$y = f\left(\sqrt[\mu_1]{R_1}, \sqrt[\mu_2]{R_2}, \ldots, \sqrt[\mu_n]{R_n}\right).$$

Die Wurzelgrössen, aus denen ein algebraischer Ausdruck zusammengesetzt ist, können von zweierlei Art sein: entweder sind sie zur Bildung des Ausdrucks notwendig, oder sie sind es nicht. Sind sie nicht notwendig, so kann man sie beseitigen und alsdann wird der gegebene Ausdruck eine kleinere Anzahl von Wurzelgrössen enthalten. Hieraus folgt, dass man immer annehmen kann, dass die Wurzelgrössen derart seien, dass es unmöglich ist, den algebraischen Ausdruck durch einen Teil der in ihm auftretenden Wurzelgrössen darzustellen.

Da nun die Anzahl der Wurzelgrössen beschränkt ist, so folgt, dass sich unter den Wurzelgrössen wenigstens eine befinden muss, welche nicht unter einer andern Wurzelgrösse enthalten ist. Nehmen wir an, dass $\sqrt[\mu_1]{R_1}$ eine solche Wurzelgrösse sei, so kann die Grösse R_1 stets rational durch die andern Wurzelgrössen und die bekannten Grössen dargestellt werden.

Nun ist y eine rationale Function der Wurzelgrössen und der bekannten Grössen; mithin kann man setzen:

$$y = \frac{y_1}{y_2},$$

wo y_1 und y_2 ganze Ausdrücke sind. Man kann also zunächst setzen:

$$y = \frac{y_1}{y_2} = \frac{P_0 + P_1 \sqrt[\mu_1]{R_1} + P_2 (\sqrt[\mu_1]{R_1})^2 + \cdots + P_\nu (\sqrt[\mu_1]{R_1})^\nu}{Q_0 + Q_1 \sqrt[\mu_1]{R_1} + Q_2 (\sqrt[\mu_1]{R_1})^2 + \cdots + Q_{\nu'} (\sqrt[\mu_1]{R_1})^{\nu'}},$$

wo $P_0, P_1, \ldots, Q_0, Q_1, \ldots$ rationale Ausdrücke der bekannten Grössen und der andern Wurzelgrössen sind. Diesen Ausdruck kann man aber noch sehr vereinfachen. Bezeichnet man zunächst mit

$$y_2', y_2'', \ldots, y_2^{(\mu_1 - 1)}$$

die Werte, welche y_2 annimmt, wenn man für $\sqrt[\mu_1]{R_1}$ die Werte $\omega \sqrt[\mu_1]{R_1}$, $\omega^2 \sqrt[\mu_1]{R_1}, \ldots, \omega^{\mu_1 - 1} \sqrt[\mu_1]{R_1}$ setzt, wo ω eine imaginäre Wurzel der Gleichung $\omega^{\mu_1} - 1 = 0$ ist, so ist bekannt, dass die Wurzelgrösse $\sqrt[\mu_1]{R_1}$ und die Grösse ω aus dem Ausdruck des Products

$$y_2 y_2' y_2'' \ldots y_2^{(\mu_1 - 1)}$$

verschwinden und dass der Ausdruck $y_1 y_2' y_2'' \ldots y_2^{(\mu_1 - 1)}$ eine rationale Function von $\sqrt[\mu_1]{R_1}$ ohne ω ist.

Man hat daher:

$$y = \frac{y_1 \cdot y_2' \cdot y_2'' \cdots y_2^{(\mu_1 - 1)}}{y_2 \cdot y_2' \cdot y_2'' \cdots y_2^{(\mu_1 - 1)}} = \frac{z}{z_1},$$

wo z_1 eine ganze Function der bekannten Grössen und der Radikale $R_2^{\frac{1}{\mu_2}}, R_3^{\frac{1}{\mu_3}}, \ldots$ und z eine ganze Function der bekannten Grössen und der Radikale $R_1^{\frac{1}{\mu_1}}, R_2^{\frac{1}{\mu_2}}, R_3^{\frac{1}{\mu_3}}, \ldots$ ist.

Setzt man also:

$$z = P_0 + P_1 \cdot R_1^{\frac{1}{\mu_1}} + P_2 \cdot R_1^{\frac{2}{\mu_1}} + \cdots + P_\nu \cdot R_1^{\frac{\nu}{\mu_1}},$$

so hat man:

$$y = \frac{P_0}{z_1} + \frac{P_1}{z_1} \cdot R_1^{\frac{1}{\mu_1}} + \cdots + \frac{P_\nu}{z_1} \cdot R_1^{\frac{\nu}{\mu_1}}.$$

Da nun aber

$$R_1^{\frac{\mu_1}{\mu_1}} = R_1, \quad R_1^{\frac{\mu_1 + 1}{\mu_1}} = R_1 \cdot R_1^{\frac{1}{\mu_1}}, \ldots$$

ist, so kann man schliesslich setzen:

$$y = P_0 + P_1 \cdot R_1^{\frac{1}{\mu_1}} + P_2 \cdot R_1^{\frac{2}{\mu_1}} + \cdots + P_{\mu_1-1} \cdot R_1^{\frac{\mu_1-1}{\mu_1}},$$

wo $P_0, P_1, \ldots, P_{\mu_1-1}$ und R_1 rational durch die bekannten Grössen und die Wurzelgrössen $R_2^{\frac{1}{\mu_2}}, R_3^{\frac{1}{\mu_3}}, \ldots$ ausgedrückt werden können.

Da jetzt die Grössen $P_0, P_1, \ldots, R_1$ algebraische Ausdrücke sind, die jedoch eine Wurzelgrösse weniger enthalten, so kann man sie auf eine ähnliche Form bringen, wie die von y ist. Und wenn man mit $R_2^{\frac{1}{\mu_2}}$ ein Radikal bezeichnet, welches nicht unter einer der andern Wurzelgrössen enthalten ist, so kann man die in Rede stehenden Ausdrücke in die Form setzen:

$$P_0' + P_1' \cdot R_2^{\frac{1}{\mu_2}} + P_2' \cdot R_2^{\frac{2}{\mu_2}} + \cdots + P'_{\mu_2-1} \cdot R_2^{\frac{\mu_2-1}{\mu_2}},$$

wo $R_2, P_0', P_1', \ldots, P'_{\mu_2-1}$ rational durch die bekannten Grössen und die Wurzelgrössen $R_3^{\frac{1}{\mu_3}}, R_4^{\frac{1}{\mu_4}}, \ldots$ ausdrückbar sind.

Fährt man in dieser Weise fort, so muss man schliesslich zu Ausdrücken gelangen, welche keine Wurzelgrösse mehr enthalten und die somit rational in Bezug auf die bekannten Grössen sind.

Im Folgenden müssen wir die algebraischen Ausdrücke nach der Anzahl der in ihnen enthaltenen Wurzelgrössen unterscheiden. Wir werden uns des folgenden Ausdrucks bedienen. Ein algebraischer Ausdruck, welcher ausser den bekannten Grössen nur n Wurzelgrössen enthält, soll ein algebraischer Ausdruck n^{ter} Ordnung genannt werden. So wird z. B., wenn man die Grössen $\sqrt{2}$ und $\sqrt{\pi}$ als bekannt ansieht, die Grösse

$$\sqrt{2} + \sqrt{3 - \sqrt{2} + \sqrt{\pi}} + \sqrt[3]{5 + \sqrt{\pi} + \sqrt{3 - \sqrt{2} + \sqrt{\pi}}}$$

ein algebraischer Ausdruck zweiter Ordnung sein, denn ausser den Grössen $\sqrt{2}$, $\sqrt{\pi}$ enthält er nur die beiden Wurzelgrössen:

$$\sqrt{3 - \sqrt{2} + \sqrt{\pi}}, \quad \sqrt[3]{5 + \sqrt{\pi} + \sqrt{3 - \sqrt{2} + \sqrt{\pi}}}.$$

§ 2.

Bestimmung der Gleichung niedrigsten Grades, welcher ein gegebener algebraischer Ausdruck genügen kann.

Um die Ausdrücke zu vereinfachen, wollen wir uns der folgenden Bezeichnungen bedienen.

1. Wir bezeichnen durch $A_m, B_m, C_m, \ldots$ algebraische Ausdrücke von der Ordnung m.

2. Substituieren wir in

$$A_m = p_0 + p_1 \sqrt[\mu]{R} + \cdots + p_{\mu-1}(\sqrt[\mu]{R})^{\mu-1}$$

für $\sqrt[\mu]{R}$ der Reihe nach $\omega\sqrt[\mu]{R}$, $\omega^2\sqrt[\mu]{R}$, ..., $\omega^{\mu-1}\sqrt[\mu]{R}$, wo ω eine imaginäre Wurzel der Gleichung $\omega^\mu - 1 = 0$ ist, so bezeichnen wir das Product aller so gebildeten Grössen mit ΠA_m.

3. Wenn alle Coefficienten einer Gleichung

$$y^n + A_m y^{n-1} + A'_m y^{n-2} + \cdots = 0$$

algebraische Ausdrücke von der Ordnung m sind, so werden wir sagen, diese Gleichung sei von der Ordnung m. Wir bezeichnen die linke Seite derselben mit $\varphi(y, m)$ und den Grad dieser Gleichung mit $\delta\varphi(y, m)$.

Dies festgesetzt, wollen wir die folgenden Sätze begründen:

Satz I. Eine Gleichung wie

$$\alpha)\qquad t_0 + t_1 y_1^{\frac{1}{\mu_1}} + t_2 y_1^{\frac{2}{\mu_1}} + \cdots + t_{\mu_1-1} y_1^{\frac{\mu_1-1}{\mu_1}} = 0,$$

in welcher $t_0, t_1, \ldots, t_{\mu_1-1}$ rational ausgedrückt sind durch ω, durch die bekannten Grössen und die Wurzelgrössen $y_2^{\frac{1}{\mu_2}}, y_3^{\frac{1}{\mu_3}}, \ldots$ giebt einzeln:

$$\beta)\qquad t_0 = 0,\quad t_1 = 0,\quad t_2 = 0,\ \ldots,\ t_{\mu_1-1} = 0.$$

Beweis. Ist $y_1^{\frac{1}{\mu_1}} = z$, so hat man die beiden Gleichungen:

$$\gamma)\qquad z^{\mu_1} - y_1 = 0$$

$$\delta)\qquad t_0 + t_1 z + \cdots + t_{\mu_1-1} z^{\mu_1-1} = 0.$$

Wenn demnach die Coefficienten $t_0, t_1, \ldots$ nicht gleich Null sind, so wird z eine Wurzel der Gleichung (δ) sein. Nehmen wir an, dass die Gleichung

$$0 = s_0 + s_1 z + \cdots + s_{k-1} z^{k-1} + z^k,$$

wo $s_0, s_1, \ldots$ Grössen von derselben Beschaffenheit wie $t_0, t_1, \ldots, t_{\mu_1-1}$ sind und k eine Zahl ist, die notwendig kleiner ist als μ_1, eine irreductible Gleichung sei, welcher z genügen kann, so müssen alle Wurzeln dieser Gleichung unter denen der Gleichung

$$z^{\mu_1} - y_1 = 0$$

enthalten sein.

Ist nun z eine Wurzel, so kann eine beliebige andere dargestellt werden durch $\omega^\nu z$, mithin muss, wenn k grösser als die Einheit ist, die Gleichung noch befriedigt werden, wenn man $\omega^\nu z$ an die Stelle von z setzt. Dies giebt:

$$0 = s_0 + s_1 \omega^\nu z + \cdots + s_{k-1} \omega^{(k-1)\nu} z^{k-1} + \omega^{k\nu} z^k,$$

und hieraus erhält man, wenn man sie mit der vorigen verbindet:

$$0 = s_1(\omega^\nu - 1) + \cdots + (\omega^{k\nu} - 1)z^{k-1}.$$

Diese Gleichung nun, welche nur vom Grade $k-1$ ist, kann nicht bestehen, wofern nicht alle ihre Coefficienten für sich gleich Null sind. Man muss also haben:

$$\omega^{k\nu} - 1 = 0 \text{ oder } \omega^{k\nu} = 1,$$

was unmöglich ist, wenn man bedenkt, dass μ_1 eine Primzahl ist. Es muss also $k = 1$ sein; dies giebt aber

$$s_0 + z = 0$$

also:

$$z = \sqrt[\mu_1]{y_1} = -s_0,$$

was ebenso unmöglich ist. Die Gleichungen (β) finden also statt.

Satz II. Wenn eine Gleichung

$$\varphi(y, m) = 0$$

durch einen algebraischen Ausdruck

$$y = p_0 + p_1\sqrt[\mu_1]{y_1} + \cdots$$

von der Ordnung n, wo n grösser als m ist, befriedigt wird, so wird sie auch befriedigt werden, wenn man für $\sqrt[\mu_1]{y_1}$ sämtliche Werte $\omega\sqrt[\mu_1]{y_1}$, $\omega^2\sqrt[\mu_1]{y_1}$, ... setzt.

Satz III. Wenn die beiden Gleichungen

$$\varepsilon)\qquad \varphi(y, m) = 0 \text{ und } \varphi_1(y, n) = 0,$$

deren erste irreductibel ist und in welchen $n \leqq m$ ist, eine gemeinschaftliche Wurzel haben, so muss

$$\varphi_1(y, n) = \varphi(y, m) \cdot f(y, m)$$

sein.

Man kann nämlich, welches auch $\varphi_1(y, n)$ sein möge, setzen:

$$\varphi_1(y, n) = f(y, m) \cdot \varphi(y, m) + f_1(y, m),$$

wo der Grad von $f_1(y, m)$ kleiner ist als derjenige von $\varphi(y, m)$. Man muss also, der Gleichungen (ε) wegen, zu gleicher Zeit haben:

$$f_1(y, m) = 0,$$

was nicht stattfinden kann, wofern nicht sämtliche Coefficienten dieser Gleichung einzeln gleich Null sind. Mithin hat man, welches auch y sein möge, $f_1(y, m) = 0$ und somit:

$$\varphi_1(y, n) = f(y, m) \cdot \varphi(y, m).$$

Satz IV. Hat man

$$\zeta)\qquad \varphi_1(y, n) = f(y, m) \cdot \varphi(y, m),$$

so muss man auch haben:

$$\varphi_1(y, n) = f_1(y, m') \cdot \Pi\varphi(y, m).$$

Verwandelt man nämlich in der Gleichung (ζ) das äussere Radikal $\sqrt[\mu]{y_1}$ der Reihe nach in $\omega\sqrt[\mu]{y_1}$, $\omega^2\sqrt[\mu]{y_1}$, ..., so wird sie ebenfalls befriedigt sein. Bezeichnet man die entsprechenden Werte von $\varphi(y, m)$ mit $\varphi'(y, m)$, $\varphi''(y, m), \ldots, \varphi^{(\mu-1)}(y, m)$, so wird die Function $\varphi_1(y, n)$ durch alle diese Functionen teilbar sein, mithin auch durch ihr Product, wenn sie keine gemeinschaftlichen Factoren haben. Wenn man aber z. B. annimmt, dass die beiden Gleichungen $\varphi'(y, m) = 0$, $\varphi''(y, m) = 0$ gleichzeitig stattfinden, so erhält man hieraus:

$$y^\nu + A_m y^{\nu-1} + B_m y^{\nu-2} + \cdots = 0$$
$$y^\nu + A'_m y^{\nu-1} + B'_m y^{\nu-2} + \cdots = 0.$$

Haben sie nun eine gemeinschaftliche Wurzel, so müssen sie identisch sein. Folglich haben die Functionen $\varphi(y, m)$, $\varphi'(y, m)$, ... keine gemeinschaftlichen Factoren, somit ist die Function $\varphi_1(y, n)$ durch das Product

$$\varphi(y, m) \cdot \varphi'(y, m) \cdots \varphi^{(\mu-1)}(y, m)$$

d. h. durch das Product $\Pi\varphi(y, m)$ teilbar. Also:

$$\varphi_1(y, n) = f_1(y, m') \cdot \Pi\varphi(y, m).$$

Satz V. Ist die Gleichung

$$\varphi(y, m) = 0$$

irreductibel, so ist es die folgende

$$\Pi\varphi(y, m) = 0 = \varphi_1(y, m')$$

ebenfalls.

Wäre sie es nämlich nicht, so nehmen wir an, dass

$$\varphi_2(y, m') = 0$$

eine solche Gleichung sei. Alsdann würden die beiden Gleichungen $\varphi_2(y, m') = 0$ und $\varphi(y, m) = 0$ eine gemeinschaftliche Wurzel haben, und es würde somit

$$\varphi_2(y, m') = f(y) \cdot \Pi\varphi(y, m) = f(y) \cdot \varphi_1(y, m')$$

sein, was unmöglich ist, da der Grad von $\varphi_2(y, m')$ kleiner als der von $\varphi_1(y, m')$ ist. Mithin u. s. w.

Nachdem dies feststeht, ist nichts leichter, als die Gleichung niedrigsten Grades zu finden, welcher ein algebraischer Ausdruck genügen kann.

Es sei

$$a_m = f\left(y_m^{\frac{1}{\mu_m}}, y_{m-1}^{\frac{1}{\mu_{m-1}}}, \ldots\right)$$

der in Rede stehende Ausdruck und

$$\psi(y) = 0$$

die irreductible Gleichung, welcher derselbe genügen soll.

Die Function muss zunächst durch $y - a_m$ teilbar sein. Ist sie aber durch $y - a_m$ teilbar, so ist sie auch durch

$$\Pi(y - a_m) = \varphi(y, m_1)$$

teilbar. Nun ist $\varphi(y, m_1)$ irreductibel, mithin $\psi(y)$ ebenfalls teilbar durch

$$\Pi\varphi(y, m_1) = \varphi_1(y, m_2),$$

somit durch

$$\Pi\varphi_1(y, m_2) = \varphi_2(y, m_3)$$

u. s. w.

Die Zahlen $m, m_1, m_2, \ldots$ bilden jetzt eine abnehmende Reihe, man muss also schliesslich zu einer Function

$$\varphi_\nu(y, m_{\nu+1})$$

gelangen, in welcher $m_{\nu+1} = 0$ ist. Alsdann sind die Coefficienten dieser Function rational, und da sie in der Function $\psi(y)$ aufgehen muss, so wird die Gleichung

$$\varphi_\nu(y, 0) = 0$$

genau die gesuchte Gleichung sein.

Den Grad dieser Gleichung findet man leicht. Man hat nämlich der Reihe nach:

$$\begin{aligned}
\delta\varphi\,(y, m_1) &= \delta\Pi(y - a_m) &&= \mu_m \\
\delta\varphi_1(y, m_2) &= \delta\Pi\varphi(y, m_1) &&= \mu_m \cdot \mu_{m_1} \\
\delta\varphi_2(y, m_3) &= \delta\Pi\varphi_1(y, m_2) &&= \mu_m \cdot \mu_{m_1} \cdot \mu_{m_2} \\
&\ldots\ldots\ldots\ldots\ldots\ldots \\
\delta\varphi_\nu(y, m_{\nu+1}) &= \delta\Pi\varphi_{\nu-1}(y, m_\nu) &&= \mu_m \cdot \mu_{m_1} \cdot \cdots \mu_{m_\nu}.
\end{aligned}$$

Mithin ist der Grad der Gleichung

$$\psi(y) = 0$$

gleich:

$$\mu_m \cdot \mu_{m_1} \cdot \mu_{m_2} \cdot \cdots \mu_{m_\nu},$$

falls $m_{\nu+1} = 0$ ist.

Aus dem Vorstehenden kann man jetzt mehrere wichtige **Folgerungen** ziehen.

1. Der Grad der irreductiblen Gleichung, welcher ein algebraischer Ausdruck genügt, ist das Product aus einer gewissen Anzahl von Wurzelexponenten, welche in dem in Rede stehenden algebraischen Ausdruck auftreten. Unter diesen Exponenten findet sich immer derjenige des äusseren Radikals.

2. Der Exponent des äusseren Radikals ist stets ein Teiler des Grades der irreductiblen Gleichung, welcher ein algebraischer Ausdruck genügt.

3. Wenn eine irreductible Gleichung algebraisch befriedigt werden kann, so ist sie zu gleicher Zeit algebraisch auflösbar. Man erhält nämlich alle Wurzeln, indem man in a_m den Wurzelgrössen $y_m^{\frac{1}{\mu_m}}, y_{m_1}^{\frac{1}{\mu_{m_1}}}, \ldots, y_{m_\nu}^{\frac{1}{\mu_{m_\nu}}}$ alle Werte, deren sie fähig sind, beilegt.

4. Ein algebraischer Ausdruck, welcher einer irreductiblen Gleichung μ^{ten} Grades genügen kann, kann μ von einander verschiedene Werte und nicht mehr annehmen.

§ 3.

Über die Form des algebraischen Ausdrucks, welcher einer irreductiblen Gleichung von einem gegebenen Grade genügen kann.

Nimmt man jetzt an, dass der Grad der Gleichung

$$\psi(y) = 0,$$

welcher der algebraische Ausdruck a_m genügt, durch μ ausgedrückt werde, so muss, wie wir gesehen haben,

$$\mu = \mu_m \cdot \mu_{m_1} \cdot \mu_{m_2} \cdots \mu_{m_\nu}$$

sein.

Erster Fall: μ ist eine Primzahl.

Ist μ eine Primzahl, so muss man haben:

$$\mu_m = \mu$$

und somit:

$$a_m = p_0 + p_1 y_m^{\frac{1}{\mu}} + p_2 y_m^{\frac{2}{\mu}} + \cdots + p_{\mu-1} y_m^{\frac{\mu-1}{\mu}}.$$

Man findet die andern Wurzeln, wenn man für $y_m^{\frac{1}{\mu}}$ die Werte setzt:

$$\omega y_m^{\frac{1}{\mu}}, \quad \omega^2 y_m^{\frac{1}{\mu}}, \quad \ldots, \quad \omega^{\mu-1} y_m^{\frac{1}{\mu}}.$$

Man erhält so, indem man mit $z_1, z_2, \ldots, z_\mu$ die Wurzeln der Gleichung bezeichnet und zur Abkürzung $y_m = s$ setzt:

$$
\begin{aligned}
z_1 &= p_0 + p_1 s^{\frac{1}{\mu}} + p_2 s^{\frac{2}{\mu}} + \cdots + p_{\mu-1} s^{\frac{\mu-1}{\mu}}\\
z_2 &= p_0 + p_1 \omega s^{\frac{1}{\mu}} + p_2 \omega^2 s^{\frac{2}{\mu}} + \cdots + p_{\mu-1} \omega^{\mu-1} s^{\frac{\mu-1}{\mu}}\\
&\cdots\cdots\cdots\cdots\cdots\cdots\\
z_\mu &= p_0 + p_1 \omega^{\mu-1} s^{\frac{1}{\mu}} + p_2 \omega^{\mu-2} s^{\frac{2}{\mu}} + \cdots + p_{\mu-1} \omega s^{\frac{\mu-1}{\mu}}
\end{aligned}
$$

Sollen nun diese Grössen wirklich Wurzeln sein, so darf man keinen neuen Wert erhalten, wenn man allen den Wurzelgrössen, welche in den Grössen $p_0, p_1, p_2, \ldots, p_{\mu-1}$ und s vorkommen, die Werte beilegt, deren diese Wurzelgrössen fähig sind.

Sind $p_0', p_1', p_2', \ldots, p_{\mu-1}', s'$ ein System so gebildeter Werte, so muss man haben:

$$
p_0' + p_1'\omega' s'^{\frac{1}{\mu}} + \cdots + p_{\mu-1}' \omega'^{\mu-1} s'^{\frac{\mu-1}{\mu}} = p_0 + p_1 \omega s^{\frac{1}{\mu}} + \cdots + p_{\mu-1} \omega^{\mu-1} s^{\frac{\mu-1}{\mu}},
$$

und einem verschiedenen Werte von ω' entspricht ein verschiedener Wert von ω. Setzt man also $\omega' = 1, \omega, \omega^2, \ldots, \omega^{\mu-1}$, so erhält man, wenn man die entsprechenden Werte von ω mit $\omega_0, \omega_1, \omega_2, \ldots, \omega_{\mu-1}$ bezeichnet:

$$
\begin{aligned}
p_0 + p_1\omega_0 s^{\frac{1}{\mu}} + p_2 \omega_0^2 s^{\frac{2}{\mu}} + \cdots &= p_0' + p_1' s'^{\frac{1}{\mu}} + p_2' s'^{\frac{2}{\mu}} + \cdots\\
p_0 + p_1\omega_1 s^{\frac{1}{\mu}} + p_2 \omega_1^2 s^{\frac{2}{\mu}} + \cdots &= p_0' + p_1' \omega s'^{\frac{1}{\mu}} + p_2' \omega^2 s'^{\frac{2}{\mu}} + \cdots\\
&\cdots\cdots\cdots\cdots\cdots\cdots\\
p_0 + p_1\omega_{\mu-1} s^{\frac{1}{\mu}} + p_2 \omega_{\mu-1}^2 s^{\frac{2}{\mu}} + \cdots &= p_0' + p_1' \omega^{\mu-1} s'^{\frac{1}{\mu}} + p_2' \omega^{\mu-2} s'^{\frac{2}{\mu}} + \cdots
\end{aligned}
$$

Addiert man, so erhält man:

$$
\mu p_0 = \mu p_0' \quad \text{d. h.} \quad p_0' = p_0
$$

$$
\begin{aligned}
\mu p_1' s'^{\frac{1}{\mu}} &= p_0(1 + \omega^{-1} + \omega^{-2} + \cdots + \omega^{-\mu+1})\\
&\quad + p_1 s^{\frac{1}{\mu}}(\omega_0 + \omega_1\omega^{-1} + \omega_2\omega^{-2} + \cdots + \omega_{\mu-1}\omega^{-\mu+1}) + \cdots
\end{aligned}
$$

Hieraus ergiebt sich:

$$
\begin{aligned}
s'^{\frac{1}{\mu}} &= f\left(\omega, p, p', p_1, p_1', \ldots, s', s^{\frac{1}{\mu}}\right)\\
s'^{\frac{1}{\mu}} &= q_0 + q_1 s^{\frac{1}{\mu}} + \ldots + q_{\mu-1} s^{\frac{\mu-1}{\mu}}\\
s' &= \left(q_0 + q_1 s^{\frac{1}{\mu}} + \cdots + q_{\mu-1} s^{\frac{\mu-1}{\mu}}\right)^\mu\\
s' &= t_0 + t_1 s^{\frac{1}{\mu}} + \cdots + t_{\mu-1} s^{\frac{\mu-1}{\mu}}
\end{aligned}
$$

Nun behaupte ich, dass man haben muss:

$$t_1 = 0, \quad t_2 = 0, \quad \ldots, \quad t_{\mu-1} = 0.$$

Im entgegengesetzten Falle würde man nämlich haben:

$$\text{(a)} \qquad s^{\frac{1}{\mu}} = f(s, s', p, p', p_1, p_1', \ldots, p_{\mu-1}, p'_{\mu-1})$$

und somit:

$$z_1 = f(s, p_0, p_1, \ldots, s', p_0', p_1', \ldots).$$

Man kann aber nicht $s', p_0', p_1', \ldots$ rational durch $s, p_0, p_1, p_2, \ldots$ ausdrücken, denn dies würde $s^{\frac{1}{\mu}}$ als rationale Function von $s, p_0, p_1, \ldots$ geben, was unmöglich ist. Sucht man aber die irreductible Gleichung, welcher z_1 genügen kann, so findet man, dass ihr Grad eine zusammengesetzte Zahl sein muss, was nicht der Fall ist. Mithin kann die Gleichung (a) nicht stattfinden, und somit muss $t_1 = 0, \ t_2 = 0, \ \ldots, \ t_{\mu-1} = 0$ sein.

Dies giebt:

$$\left(q_0 + q_1 \omega s^{\frac{1}{\mu}} + \cdots + q_{\mu-1} \omega^{\mu-1} s^{\frac{\mu-1}{\mu}}\right)^\mu = s'$$

$$\left(q_0 + q_1 \omega^2 s^{\frac{1}{\mu}} + \cdots + q_{\mu-1} \omega^{\mu-2} s^{\frac{\mu-1}{\mu}}\right)^\mu = s'$$

$$\cdots\cdots\cdots\cdots\cdots\cdots$$

Folglich:

$$q_0 + q_1 \omega s^{\frac{1}{\mu}} + q_2 \omega^2 s^{\frac{2}{\mu}} + \cdots + q_{\mu-1} \omega^{\mu-1} s^{\frac{\mu-1}{\mu}} = \omega^\nu s'^{\frac{1}{\mu}}$$

$$= q_0 \omega^\nu + q_1 \omega^\nu s^{\frac{1}{\mu}} + q_2 \omega^\nu s^{\frac{2}{\mu}} + \cdots + q_{\mu-1} \omega^\nu s^{\frac{\mu-1}{\mu}},$$

und hieraus erhält man:

$$\omega^\nu q_0 = q_0, \ \omega^\nu q_1 = \omega q_1, \ \omega^\nu q_2 = \omega^2 q_2, \ \ldots, \ \omega^\nu q_\nu = \omega^\nu q_\nu, \ \ldots, \ \omega^\nu q_{\mu-1} = \omega^{\mu-1} q_{\mu-1},$$

$$q_0 = 0, \ q_1 = 0, \ q_2 = 0, \ \ldots, \ q_{\nu-1} = 0, \ q_{\nu+1} = 0, \ \ldots, \ q_{\mu-1} = 0.$$

Mithin:

$$s'^{\frac{1}{\mu}} = q^\nu \cdot s^{\frac{\nu}{\mu}}, \quad s'^{\frac{2}{\mu}} = q_\nu^2 \cdot s^{\frac{2\nu}{\mu}}, \ \ldots$$

$$p_0' + p_1' s'^{\frac{1}{\mu}} + p_2' s'^{\frac{2}{\mu}} + \cdots = p_0 + \omega p_1 s^{\frac{1}{\mu}} + \cdots + \omega^\nu p_\nu s^{\frac{\nu}{\mu}} + \cdots,$$

folglich:

$$p_1' s'^{\frac{1}{\mu}} = \omega^\nu p_\nu s^{\frac{\nu}{\mu}},$$

und hieraus:

$$p_1'^{\mu} s' = p_\nu^\mu s^\nu.$$

Da nun ν nur einen der Werte 2, 3, ..., $\mu-1$ haben kann, so folgt, dass $p_1^\mu s$ nur $\mu-1$ verschiedene Werte hat; es muss somit $p_1^\mu s$ einer Gleichung genügen, welche höchstens vom Grade $\mu-1$ ist.

Man kann $p_1=1$ setzen und dann hat man:

$$\begin{aligned}
z_1 &= p_0 + s^{\frac{1}{\mu}} + p_2 s^{\frac{2}{\mu}} + \cdots + p_{\mu-1} s^{\frac{\mu-1}{\mu}} \\
z_2 &= p_0 + \omega s^{\frac{1}{\mu}} + p_2\omega^2 s^{\frac{2}{\mu}} + \cdots + p_{\mu-1}\omega^{\mu-1} s^{\frac{\mu-1}{\mu}} \\
&\cdots\cdots\cdots\cdots \\
z_\mu &= p_0 + \omega^{\mu-1} s^{\frac{1}{\mu}} + p_2\omega^{\mu-2} s^{\frac{2}{\mu}} + \cdots + p_{\mu-1}\omega s^{\frac{\mu-1}{\mu}}.
\end{aligned}$$

Ich behaupte jetzt, dass man die Grössen $p_2, p_3, \ldots, p_{\mu-1}$ rational als Functionen von s und von bekannten Grössen darstellen kann.

Man hat:

$$\begin{aligned}
p_0 &= \frac{1}{\mu}(z_1 + z_2 + \cdots + z_\mu) = \text{einer bekannten Grösse} \\
s^{\frac{1}{\mu}} &= \frac{1}{\mu}(z_1 + \omega^{\mu-1} z_2 + \cdots + \omega z_\mu) \\
p_2 s^{\frac{2}{\mu}} &= \frac{1}{\mu}(z_1 + \omega^{\mu-2} z_2 + \cdots + \omega^2 z_\mu) \\
&\cdots\cdots\cdots\cdots
\end{aligned}$$

Hieraus erhält man:

$$\begin{aligned}
p_2 s &= \left(\frac{1}{\mu}\right)^{\mu-1}(z_1+\omega^{-2}z_2+\cdots+\omega^{-2(\mu-1)}z_\mu)(z_1+\omega^{-1}z_2+\cdots+\omega^{-(\mu-1)}z_\mu)^{\mu-2} \\
p_3 s &= \left(\frac{1}{\mu}\right)^{\mu-2}(z_1+\omega^{-3}z_2+\cdots+\omega^{-3(\mu-1)}z_\mu)(z_1+\omega^{-1}z_2+\cdots+\omega^{-(\mu-1)}z_\mu)^{\mu-3} \\
&\cdots\cdots\cdots\cdots
\end{aligned}$$

$$\begin{aligned}
q_1 &+ q_2 + \cdots\cdots + q_\nu = a_0 \\
q_1 s_1 &+ q_2 s_2 + \cdots\cdots + q_\nu s_\nu = a_1 \\
q_1 s_1^2 &+ q_2 s_2^2 + \cdots\cdots + q_\nu s_\nu^2 = a_2 \\
&\cdots\cdots\cdots\cdots \\
q_1 s_1^{\nu-1} &+ q_2 s_2^{\nu-1} + \cdots\cdots + q_\nu s_\nu^{\nu-1} = a_{\nu-1};
\end{aligned}$$

$$\begin{aligned}
&q_1(s_1^{\nu-1} + R_{\nu-2}s_1^{\nu-2} + \cdots + R_1 s_1 + R_0) \\
&\quad = a_0 R_0 + a_1 R_1 + a_2 R_2 + \cdots + a_{\nu-2}R_{\nu-2} + a_{\nu-1},
\end{aligned}$$

d. h.

$$q_1 = f(s, \ldots),$$

so lange man nicht hat:

$$s_1^{\nu-1} + \cdots + R_0 = (s_1 - s_2)(s_1 - s_3) \cdots (s_1 - s_\nu) = 0.$$

Nun sei:

$$s_1 = s_n$$

$$(z_1 + \omega^{-1} z_2 + \omega^{-2} z_3 + \cdots)^\mu = (z_1 + \omega_1 z_2 + \omega_2 z_3 + \cdots)^\mu$$

$$\begin{aligned} \mu s^{\frac{1}{\mu}} = {} & p_0 + s^{\frac{1}{\mu}} + p_2 s^{\frac{2}{\mu}} + \cdots \\ & + \omega_1 p_0 + \omega_1 \omega s^{\frac{1}{\mu}} + p_2 \omega_1 \omega^2 s^{\frac{2}{\mu}} + \cdots \\ & + \omega_2 p_0 + \omega_2 \omega^2 s^{\frac{1}{\mu}} + p_2 \omega_2 \omega^4 s^{\frac{2}{\mu}} + \cdots \\ & + \cdots\cdots\cdots\cdots \end{aligned}$$

$$1 + \omega_1 \omega + \omega_2 \omega^2 + \cdots + \omega_{\mu-1} \omega^{\mu-1} = \mu,$$

was unmöglich ist. Mithin ist

$q_1 = p_m s$ eine rationale Function von s und den bekannten Grössen.

Also:

$$z_1 = p_0 + s^{\frac{1}{\mu}} + f_2(s) \cdot s^{\frac{2}{\mu}} + f_3(s) \cdot s^{\frac{3}{\mu}} + \cdots + f_{\mu-1}(s) \cdot s^{\frac{\mu-1}{\mu}}.$$

Ist die niedrigste Gleichung in s, $P = 0$, vom Grade ν, so sind die ν Wurzeln dieser Gleichung von der Form:

$$s,\ p^\mu_{m'} \cdot s^{m'},\ p^\mu_{m''} \cdot s^{m''},\ \ldots,\ p^\mu_{m^{(\nu-1)}} \cdot s^{m^{(\nu-1)}},$$

wo $m', m'', \ldots, m^{(\nu-1)}$ unter den Werten $2, 3, 4, \ldots, \mu-1$ enthalten sind.

$$s_1 = p_0^\mu s^m$$

$$s_2 = p_1^\mu s_1^m$$

$$\cdots\cdot$$

$$s = p^\mu_{k-1} \cdot s^m_{k-1} = p^\mu_{k-1} \cdot p^{\mu m}_{k-2} \cdot p^{\mu m^2}_{k-3} \cdots p_0^{\mu m^{k-1}} \cdot s^{m^k}$$

$$\frac{m^k - 1}{\mu} = \text{einer ganzen Zahl}$$

$$k = \text{einem Factor von } \mu - 1$$

$$k = \nu \text{ oder } k < \nu.$$

Ist m eine primitive Wurzel für den Modul μ, so kann man z_1 darstellen durch:

$$z_1 = p_0 + s^{\frac{1}{\mu}} + p_1 s^{\frac{m}{\mu}} + p_2 s^{\frac{m^2}{\mu}} + \cdots + p_{\mu-2} s^{\frac{m^{\mu-2}}{\mu}}.$$

Sind $s_1, s_2, s_3, \ldots, s_{\nu-1}$ die Werte von s, so muss man haben:

$$s_1^{\frac{1}{\mu}} = p_\alpha s^{\frac{m^\alpha}{\mu}}$$

$$s_2^{\frac{1}{\mu}} = p'_\alpha s_1^{\frac{m^\alpha}{\mu}}$$

$$\cdot \quad \cdot \quad \cdot \quad \cdot \quad \cdot \quad \cdot \quad \cdot$$

$$s^{\frac{1}{\mu}} = p_\alpha^{(k-1)} s_{k-1}^{\frac{m^\alpha}{\mu}}$$

$$s^{\frac{1}{\mu}} = p_\alpha^{(k-1)} \left(p_\alpha^{(k-2)}\right)^{m^\alpha} \left(p_\alpha^{(k-3)}\right)^{m^{2\alpha}} \cdots \left(p_\alpha^0\right)^{m^{(k-1)\alpha}} \cdot s^{\frac{m^{\alpha k}}{\mu}}$$

$$\frac{m^{\alpha k} - 1}{\mu} = \text{einer ganzen Zahl}$$

$$k = \text{einem Factor von } \mu - 1$$

$$\alpha k = (\mu - 1) n$$

$$\frac{\mu - 1}{k} = \beta$$

$$\alpha = n\beta.$$

$$s_1^{\frac{1}{\mu}} = p s^{\frac{m^{n\beta}}{\mu}}$$

$$s_2^{\frac{1}{\mu}} = p_1 s_1^{\frac{m^{n\beta}}{\mu}} = p_1 p^{m^{n\beta}} s^{\frac{m^{2n\beta}}{\mu}}$$

$$\cdot \quad \cdot \quad \cdot \quad \cdot \quad \cdot \quad \cdot \quad \cdot \quad \cdot \quad \cdot \quad \cdot \quad \cdot \quad \cdot$$

Ist $q^\mu s^{m\beta'}$ eine andere Wurzel, so ist

$$s' = q_1 s^{m^{n\beta + n'\beta'}}$$

ebenfalls eine.

Es muss also sein:

$$k''(n\beta + n'\beta') = n''(\mu - 1)$$

$$\beta = \alpha\beta''$$

$$\beta' = \alpha'\beta''$$

$$\mu - 1 = e\alpha\alpha'\beta''$$

$$k''(n\alpha + n'\alpha')\beta'' = n'' e\alpha\alpha'\beta''$$

$$k''(n\alpha + n'\alpha') = n'' e\alpha\alpha'$$

$$k'' = \alpha\alpha' \cdot k'''$$

$$k'''(n\alpha + n'\alpha') = n'' e$$

$$s'^{\frac{1}{\mu}} = q_1 s^{\frac{m(n\alpha + n'\alpha')\beta''}{\mu}}$$

$$n\alpha + n'\alpha' = 1$$

$$s'^{\frac{1}{\mu}} = q_1 s^{\frac{m\beta''}{\mu}}$$

$$\mu - 1 = k\beta$$

$$\mu - 1 = k'\beta'$$

$$\mu - 1 = k''\beta'';$$

aber $\beta'' < \beta$, $\beta'' < \beta'$, mithin $k'' > k$, $k'' > k'$, was im Widerspruch steht mit der Voraussetzung. Demnach können die Wurzeln der Gleichung

$$P = 0$$

dargestellt werden durch

$$\begin{aligned} & s \\ s_1 &= \left(f(s)\right)^{\mu} \cdot s^{m^\alpha} \\ s_2 &= \left(f(s_1)\right)^{\mu} \cdot s_1^{m^\alpha} \\ & \cdots\cdots \\ s_{\nu-1} &= \left(f(s_{\nu-2})\right)^{\mu} \cdot s_{\nu-1}^{m^\alpha}, \end{aligned}$$

wo

$$\begin{aligned} s &= \left(f(s_{\nu-1})\right)^{\mu} \cdot s_{\nu-1}^{m^\alpha} \\ \alpha &= \frac{\mu-1}{\nu}. \end{aligned}$$

Der Grad der Gleichung $P = 0$ muss somit ein Factor von $\mu - 1$ sein.

Bezeichnen wir $\left(f(s)\right)^{\mu} \cdot s^{m^\alpha}$ mit ϑs, so werden die Wurzeln:

$$s, \quad \vartheta s, \quad \vartheta^2 s, \quad \vartheta^3 s, \quad \ldots, \quad \vartheta^{\nu-1} s, \quad \text{wobei } \vartheta^{\nu} s = s.$$

Man hat ferner:

$$\begin{aligned} s_1 &= \left(f(s)\right)^{\mu} \cdot s^{m^\alpha} \\ s_2 &= \left(f(s_1)\right)^{\mu} \cdot \left(f(s)\right)^{\mu m^\alpha} \cdot s^{m^{2\alpha}} \\ s_3 &= \left(f(s_2)\right)^{\mu} \cdot \left(f(s_1)\right)^{\mu m^\alpha} \left(f(s)\right)^{\mu m^{2\alpha}} \cdot s^{m^{3\alpha}} \\ & \cdots\cdots\cdots\cdots \end{aligned}$$

$$\begin{aligned} z_1 = p_0 &+ s^{\frac{1}{\mu}} + f_1(s) \cdot s^{\frac{m^\alpha}{\mu}} + f_2(s) \cdot s^{\frac{m^{2\alpha}}{\mu}} + \cdots + f_{\nu-1}(s) \cdot s^{\frac{m^{(\nu-1)\alpha}}{\mu}} \\ &+ f_0'(s) \cdot s^{\frac{m}{\mu}} + f_1'(s) \cdot s^{\frac{m^{\alpha+1}}{\mu}} + f_2'(s) \cdot s^{\frac{m^{2\alpha+1}}{\mu}} + \cdots + f_{\nu-1}'(s) \cdot s^{\frac{m^{(\nu-1)\alpha+1}}{\mu}} \\ &+ f_0''(s) \cdot s^{\frac{m^2}{\mu}} + f_1''(s) \cdot s^{\frac{m^{\alpha+2}}{\mu}} + f_2''(s) \cdot s^{\frac{m^{2\alpha+2}}{\mu}} + \cdots + f_{\nu-1}''(s) \cdot s^{\frac{m^{(\nu-1)\alpha+2}}{\mu}} \\ &+ \cdots\cdots\cdots\cdots \\ &+ f_0^{(\alpha-1)}(s) \cdot s^{\frac{m^{\alpha-1}}{\mu}} + f_1^{(\alpha-1)}(s) \cdot s^{\frac{m^{2\alpha-1}}{\mu}} + f_2^{(\alpha-1)}(s) \cdot s^{\frac{m^{3\alpha-1}}{\mu}} + \cdots + f_{\nu-1}^{(\alpha-1)}(s) \cdot s^{\frac{m^{\nu\alpha-1}}{\mu}}. \end{aligned}$$

$$\begin{aligned} s_n^{\frac{1}{\mu}} &= f_n(s) \cdot s^{\frac{m^{n\alpha}}{\mu}} \\ s_n^{\frac{m^\delta}{\mu}} &= \left(f_n(s)\right)^{m^\delta} \cdot s^{\frac{m^{\delta+n\alpha}}{\mu}} \\ f_n^{(\delta)}(s) \cdot \left(f_n(s)\right)^{-m^\delta} \cdot s_n^{\frac{m^\delta}{\mu}} &= f_n^{(\delta)}(s) \cdot s^{\frac{m^{\delta+n\alpha}}{\mu}} \end{aligned}$$

$$\begin{aligned}
z_1 = p_0 + {} & s^{\frac{1}{\mu}} + s_1^{\frac{1}{\mu}} + s_2^{\frac{1}{\mu}} + \cdots + s_{\nu-1}^{\frac{1}{\mu}} \\
+ {} & \varphi_1(s)\cdot s^{\frac{m}{\mu}} + \varphi_1(s_1)\cdot s_1^{\frac{m}{\mu}} + \varphi_1(s_2)\cdot s_2^{\frac{m}{\mu}} + \cdots + \varphi_1(s_{\nu-1})\cdot s_{\nu-1}^{\frac{m}{\mu}} \\
+ {} & \varphi_2(s)\cdot s^{\frac{m^2}{\mu}} + \varphi_2(s_1)\cdot s_1^{\frac{m^2}{\mu}} + \varphi_2(s_2)\cdot s_2^{\frac{m^2}{\mu}} + \cdots + \varphi_2(s_{\nu-1})\cdot s_{\nu-1}^{\frac{m^2}{\mu}} \\
+ {} & \cdots\cdots\cdots\cdots\cdots\cdots \\
+ {} & \varphi_{\alpha-1}(s)\cdot s^{\frac{m^{\alpha-1}}{\mu}} + \varphi_{\alpha-1}(s_1)\cdot s_1^{\frac{m^{\alpha-1}}{\mu}} + \varphi_{\alpha-1}(s_2)\cdot s_2^{\frac{m^{\alpha-1}}{\mu}} + \cdots + \varphi_{\alpha-1}(s_{\nu-1})\cdot s_{\nu-1}^{\frac{m^{\alpha-1}}{\mu}} .
\end{aligned}$$

$$\begin{aligned}
s^{\frac{1}{\mu}} &= A \cdot a^{\frac{1}{\mu}} \cdot a_1^{\frac{m^\alpha}{\mu}} \cdot a_2^{\frac{m^{2\alpha}}{\mu}} \cdots a_{\nu-1}^{\frac{m^{(\nu-1)\alpha}}{\mu}} \\
s_1^{\frac{1}{\mu}} &= A_1 \cdot a^{\frac{m^\alpha}{\mu}} \cdot a_1^{\frac{m^{2\alpha}}{\mu}} \cdot a_2^{\frac{m^{3\alpha}}{\mu}} \cdots a_{\nu-1}^{\frac{1}{\mu}} \\
s_2^{\frac{1}{\mu}} &= A_2 \cdot a^{\frac{m^{2\alpha}}{\mu}} \cdot a_1^{\frac{m^{3\alpha}}{\mu}} \cdot a_2^{\frac{m^{4\alpha}}{\mu}} \cdots a_{\nu-1}^{\frac{m^\alpha}{\mu}} \\
& \cdots\cdots\cdots\cdots \\
s_{\nu-1}^{\frac{1}{\mu}} &= A_{\nu-1} a^{\frac{m^{(\nu-1)\alpha}}{\mu}} \cdot a_1^{\frac{1}{\mu}} \cdot a_2^{\frac{m^\alpha}{\mu}} \cdots a_{\nu-1}^{\frac{m^{(\nu-2)\alpha}}{\mu}}
\end{aligned}$$

$$\begin{aligned}
\frac{1}{\mu}\log s &= \log A + \frac{1}{\mu}\log a + \frac{m^\alpha}{\mu}\log a_1 + \frac{m^{2\alpha}}{\mu}\log a_2 + \cdots \\
\frac{1}{\mu}\log s_1 &= \log A_1 + \frac{m^\alpha}{\mu}\log a + \frac{m^{2\alpha}}{\mu}\log a_1 + \frac{m^{3\alpha}}{\mu}\log a_2 + \cdots \\
& \cdots\cdots\cdots\cdots
\end{aligned}$$

$$s^{\frac{m^\alpha}{\mu}} : s_1^{\frac{1}{\mu}} = (A^{m^\alpha} : A_1)\cdot a_{\nu-1}^{\frac{m^{\nu\alpha}-1}{\mu}}$$

$$\psi(y) = 0.$$

$$y^m + f(s)\cdot y^{m-1} + f'(s)\cdot y^{m-2} + \cdots = 0 = \varphi(y, s)$$

$$y^m + f(s')\cdot y^{m-1} + f'(s')\cdot y^{m-2} + \cdots = 0 = \varphi(y, s')$$

$$\varphi(\rho) = 0$$

$$\rho, \ \rho_1, \ \rho_2, \ \ldots, \ \rho_{\nu-1}$$

$$\varphi(s, \rho) = 0$$

$$s, \ s', \ s'', \ \ldots, \ s^{(\mu-1)}$$

$$\varphi(s_1, \rho_1) = 0$$

$$s_1, \ s_1', \ s_1'', \ \ldots, \ s_1^{(\mu-1)}$$

$$\varphi(s_2, \rho_2) = 0$$

$$s_2, \ s_2', \ s_2'', \ \ldots, \ s_2^{(\mu-1)}$$

$$\cdots\cdots\cdots$$

$$
\begin{aligned}
&f(y, s, \rho) = 0\\
&f(y, s_1, \rho_1) = 0\\
&f(y, s_2, \rho_2) = 0\\
&\cdots\cdots\\
&f(y, s_{\nu-1}, \rho_{\nu-1}) = 0
\end{aligned}
$$

$$F(y, s, s_1, s_2, \ldots, s_{\nu-1}, \rho, \rho_1, \rho_2, \ldots, \rho_{\nu-1}) = 0$$

$$s_{\nu-1}, s_{\nu-2}, s_{\nu-3}, \ldots, s_\varepsilon$$

rationale Functionen von:

$$s, s_1, s_2, \ldots, s_{\varepsilon-1}, \rho, \rho_1, \rho_2, \ldots, \rho_{\nu-1}$$

$F(y, s, s_1, s_2, \ldots, s_{\varepsilon-1}, \rho, \rho_1, \rho_2, \ldots, \rho_{\nu-1})$ wird Factor von $\psi(y)$ sein für alle Werte von $s, s_1, s_2, \ldots$

Mithin ist der Grad von $\psi(y)$ teilbar durch μ^ε.

Es giebt zwei Fälle:

$$\text{wenn } \delta\psi(y) = \mu^\varepsilon$$

$$\text{wenn } \delta\psi(y) = \mu^\varepsilon \cdot \mu'.$$

In dem ersten Falle:

$$y = f(s, s_1, s_2, \ldots, s_{\varepsilon-1}, \rho, \rho_1, \rho_2, \ldots, \rho_{\nu-1})$$

in dem zweiten Falle:

$$\delta F(y, s, s_1, \ldots, \rho, \rho_1, \ldots) = \mu',$$

$$
\begin{aligned}
F(y, s, s_1, \ldots, \rho, \rho_1, \ldots) = y^{\mu'} &+ f(s, s_1, \ldots, \rho, \rho_1, \ldots) y^{\mu'-1}\\
&+ f'(s, s_1, \ldots, \rho, \rho_1, \ldots) y^{\mu'-2}\\
&+ \cdots\cdots
\end{aligned}
$$

Ist

$$z = F(\alpha, s, s_1, \ldots, \rho, \rho_1, \ldots)$$

so wird z für die verschiedenen Wurzelgrössen nur μ^ε verschiedene Werte annehmen; mithin wird z eine Wurzel einer Gleichung vom Grade μ^ε sein. Somit folgt aus

$$\psi(y) = 0:$$

$$y^{\mu'} + f(z) \cdot y^{\mu'-1} + f'(z) \cdot y^{\mu'-2} + \cdots = 0,$$

wo z bestimmt ist durch eine Gleichung vom Grade μ^ε.

$$f(y, s)$$

$$
\begin{aligned}
&f(y, \sqrt[\mu]{R}, p, q, \ldots) = 0\\
&f(y, \sqrt[\mu]{R_1}, p_1, q_1, \ldots) = 0\\
&f(y, \sqrt[\mu]{R_2}, p_2, q_2, \ldots) = 0\\
&\cdots\cdots\\
&f(y, \sqrt[\mu]{R_{\nu-1}}, p_{\nu-1}, q_{\nu-1}, \ldots) = 0
\end{aligned}
$$

$$\psi(y) = \Pi f(y, \sqrt[\mu]{R}, p, q, \ldots) = \Pi f(y, \sqrt[\mu]{R_1}, p_1, q_1, \ldots) = \cdots$$
$$= \Pi f(y, \sqrt[\mu]{R_{\nu-1}}, p_{\nu-1}, q_{\nu-1}, \ldots)$$

$$f(y, \sqrt[\mu]{R}, \sqrt[\mu]{R_1}, \sqrt[\mu]{R_2}, \ldots, \sqrt[\mu]{R_{\nu-1}}, p, q, \ldots, p_1, q_1, \ldots, p_{\nu-1}, q_{\nu-1}) = 0$$

$$f(y, \sqrt[\mu]{R}, \sqrt[\mu]{R_1}, \sqrt[\mu]{R_2}, \ldots, \sqrt[\mu]{R_{\varepsilon-1}}, p, q, \ldots, p_1, q_1, \ldots, p_{\nu-1}, q_{\nu-1}, R_\varepsilon, R_{\varepsilon+1}, \ldots, R_{\nu-1}) = 0.$$

Neue Theorie der algebraischen Auflösung der Gleichungen*).

Die Theorie der Gleichungen ist immer als einer der interessantesten Teile der Analysis betrachtet worden. Geometer ersten Ranges haben sich mit ihr beschäftigt und sie sehr bereichert. Besonders verdankt man den ausgezeichneten Arbeiten von Lagrange eine tiefe Kenntnis dieses Teiles der Mathematik. Man hat sich viele Mühe gegeben, die algebraische Auflösung der Gleichungen zu finden, doch hat man damit im Allgemeinen für Gleichungen von höherem als dem vierten Grade kein Glück gehabt. So viele vergebliche Bemühungen der ausgezeichnetsten Geometer liessen vermuten, dass die algebraische Auflösung der allgemeinen Gleichungen unmöglich sei. Man hat hierfür den Beweis zu erbringen versucht, jedoch scheint es, als ob die Unmöglichkeit der Auflösung noch nicht in strenger Weise bewiesen ist. Der Verfasser dieser Abhandlung hat sich lange Zeit hindurch mit dieser interessanten Frage beschäftigt und glaubt zu einer befriedigenden Antwort auf dieselbe gelangt zu sein. Er hat eine erste Darstellung dieses Gegenstandes in einer Abhandlung gegeben, die im ersten Hefte dieses Journals**) gedruckt ist; obwohl jedoch die Begründung, welche er gegeben, eine strenge sein dürfte, muss doch zugegeben werden, dass die Methode, deren er sich bedient hat, viel zu wünschen übrig lässt. Ich habe die in Rede stehende Frage von Neuem aufgenommen, und indem ich mir weit allgemeinere Probleme vorlegte, ist es mir, wenn ich nicht irre, gelungen, klar zu zeigen, worauf in Wirklichkeit die Unmöglichkeit der Auflösung der allgemeinen Gleichungen beruht.

Wenn es auch unmöglich ist, die allgemeinen Gleichungen zu lösen, so kann man doch sehr wohl unendlich viele besondere Fälle finden, welche diese Eigenschaft besitzen. Es giebt deren unendlich viele für jeden Grad. Dies ist seit langem festgestellt, doch hat noch Niemand das Problem unter einem allgemeineren Gesichtspunkt betrachtet. Dies will ich in der vor-

*) Andere Fassung der Einleitung der vorhergehenden Abhandlung.

**) Crelle's Journal für die reine und angewandte Mathematik.

liegenden Abhandlung zu thun versuchen, indem ich die Lösung der folgenden Aufgabe betrachte:

Wenn eine Gleichung von beliebigem Grade gegeben ist, so soll man entscheiden, ob sie algebraisch befriedigt werden kann oder nicht.

Die vollständige Auflösung dieses Problems muss notwendig zu allem führen, was auf die algebraische Auflösung der Gleichungen Bezug hat. Eine eingehende Untersuchung wird uns, wie man sehen wird, zu wichtigen Sätzen über die Gleichungen führen, besonders in Bezug auf die Form der Wurzeln. Weit mehr die allgemeinen Sätze als die wirkliche Auflösung sind der wichtigste Punkt, denn es ist eine Frage blosser Neugier, ob eine specielle Gleichung auflösbar ist oder nicht. Ich habe der Aufgabe die oben ausgesprochene Form gegeben, weil ihre Lösung unfehlbar zu allgemeinen Resultaten führen muss.

Ich werde zunächst eine Analyse des Problems nebst den wichtigsten Resultaten, zu denen ich gekommen bin, geben.

Zunächst müssen wir genau feststellen, was wir unter der algebraischen Auflösung einer Gleichung verstehen wollen. Ist die Gleichung allgemein, so will jenes nach der allgemein angenommenen Bedeutung jenes Ausdrucks sagen, dass sämtliche Wurzeln der Gleichung durch die Coefficienten mit Hülfe von algebraischen Operationen darstellbar sind. Die Wurzeln sind alsdann algebraische Functionen der Coefficienten und ihr Ausdruck kann eine beliebige Anzahl von constanten Grössen, die algebraisch sein können oder nicht, enthalten. Wenn aber die Gleichung nicht allgemein ist, was der von uns betrachtete Fall ist, so habe ich, um so allgemein wie möglich zu sein, geglaubt, die folgenden Unterscheidungen machen zu müssen.

Wenn eine beliebige Anzahl von Grössen $\alpha, \beta, \gamma, \delta, \ldots$, die unbestimmt sein können oder nicht, gegeben sind, so wollen wir Wurzelausdruck dieser Grössen jede Grösse nennen, die aus jenen mittelst der folgenden Operationen gebildet werden kann: Addition, Subtraction, Multiplikation, Division, Ausziehung von Wurzeln mit Exponenten, welche Primzahlen sind.

Man sagt von einer beliebigen algebraischen Gleichung, sie könne algebraisch durch irgend welche Grössen $\alpha, \beta, \gamma, \delta, \ldots$ befriedigt werden, wenn man sie befriedigen kann dadurch, dass man für die Unbekannte einen Wurzelausdruck von $\alpha, \beta, \gamma, \delta, \ldots$ setzt.

Eine algebraische Gleichung ist hinsichtlich der Grössen $\alpha, \beta, \gamma, \delta, \ldots$ algebraisch lösbar, wenn alle Wurzeln durch Wurzelausdrücke von $\alpha, \beta, \gamma, \delta, \ldots$. dargestellt werden können.

Wir haben die Gleichungen, welche algebraisch befriedigt werden können, von denen, welche algebraisch aufgelöst werden können, unterschieden, da es bekanntlich Gleichungen giebt, deren eine oder mehrere Wurzeln algebraisch sind, ohne dass man dasselbe in Bezug auf alle Wurzeln behaupten könnte.

Hiernach ist das Problem, welches den Gegenstand unserer Untersuchungen bilden wird, das folgende:

Wenn irgend eine algebraische Gleichung gegeben ist, so soll man entscheiden, ob diese Gleichung durch einen Wurzelausdruck der gegebenen Grössen $\alpha, \beta, \gamma, \delta, \ldots$ befriedigt werden kann.

Der natürliche Weg, diese Aufgabe zu lösen, bietet sich von selbst dar. Man muss nämlich für die Unbekannte den allgemeinsten Ausdruck von $\alpha, \beta, \gamma, \delta, \ldots$ substituieren und sodann zusehen, ob die Gleichung auf diese Weise befriedigt werden kann. Hieraus entspringt zunächst die folgende Aufgabe:

Den allgemeinsten Wurzelausdruck in $\alpha, \beta, \gamma, \delta, \ldots$ zu finden.

Die Lösung dieser Aufgabe muss somit der Gegenstand unsrer ersten Untersuchungen sein. Wir geben sie in einem ersten Kapitel.

Wie man weiss, kann man einem und demselben Wurzelausdruck unendlich viele verschiedene Formen geben. Von allen diesen Formen suchen wir diejenige, welche die kleinstmögliche Anzahl von Wurzelgrössen enthält und somit in gewissem Sinne irreductibel ist.

Ist dieses festgestellt, so muss es die erste Eigenschaft dieses Ausdrucks sein, dass er einer algebraischen Gleichung genügt; diese Bedingung ist aber bekanntlich von selbst erfüllt, denn jeder Wurzelausdruck von $\alpha, \beta, \gamma, \delta, \ldots$ kann einer algebraischen Gleichung genügen, deren Coefficienten rational in $\alpha, \beta, \gamma, \delta, \ldots$ sind. Ein und derselbe Wurzelausdruck kann aber unendlich vielen verschiedenen Gleichungen genügen; mithin sind zwei Fälle zu betrachten: entweder ist die gegebene Gleichung die niedrigste, welcher der Wurzelausdruck genügen kann, oder dieser Ausdruck kann einer andern Gleichung von niedrigerem Grade genügen. Demnach teilt sich das allgemeine Problem in die folgenden beiden:

1. Wenn eine beliebige Gleichung gegeben ist, so soll man entscheiden, ob eine ihrer Wurzeln einer Gleichung niedrigeren Grades, deren Coefficienten rational in $\alpha, \beta, \gamma, \delta, \ldots$ sind, genügen kann. Ist dies unmöglich, so sagen wir, dass die Gleichung in Bezug auf die Grössen $\alpha, \beta, \gamma, \delta, \ldots$ irreductibel ist.
2. Man soll entscheiden, ob eine irreductible Gleichung algebraisch befriedigt werden kann oder nicht.

Wir betrachten in dieser Abhandlung nur die letzte dieser Aufgaben, da dieselbe von einer unvergleichlich grösseren Wichtigkeit ist.

Hiernach hat man zunächst die folgende Aufgabe:

Man soll die Gleichung niedrigsten Grades finden, welche ein Wurzelausdruck befriedigen kann.*)

---

*) Fortsetzung vgl. S. 61.

Abhandlungen

von

Évariste Galois.

Vorbemerkung von J. Liouville.

Der scharfsinnige und gründliche Geometer, dessen Werke wir hier*) geben, hat ein Alter von kaum zwanzig Jahren erreicht und dabei noch den grössten Teil der beiden letzten Jahre seines so kurzen Lebens in politischen Agitationen, inmitten der Klubs und hinter den Riegeln von Sainte-Pélagie fruchtlos verbracht. Er war geboren am 26. October 1811 und im Monat Mai des Jahres 1832 entriss ihn ein verhängnisvolles Duell, ohne Zweifel die Folge irgend eines frivolen Streites, der mathematischen Wissenschaft, die er in Aufsehen erregender Weise angebaut haben würde.

Die Hauptarbeit Évariste Galois's hat die Bedingungen der Auflösbarkeit der Gleichungen durch Wurzelgrössen zum Gegenstande. Der Verfasser legt darin den Grund zu einer allgemeinen Theorie, die er im Einzelnen auf die Gleichungen, deren Grad eine Primzahl ist, anwendet. Schon im Alter von sechzehn Jahren und auf den Bänken des Collège Louis-le-Grand, wo seine glücklichen Anlagen durch einen ausgezeichneten Lehrer und ausgezeichneten Menschen, Herrn Richard, Aufmunterung erhielten, hatte sich Galois mit diesem schwierigen Gegenstande beschäftigt. Er überreichte nach einander der Akademie mehrere Abhandlungen, welche die Resultate seiner Überlegungen enthielten; aber abgesehen von einigen Bruchstücken, einigen Bemerkungen, ist uns heutzutage nur diejenige geblieben, die er zuletzt, am 17. Januar 1831, eingereicht hatte. Die mit der Beurteilung derselben Beauftragten**) machten dem jungen Analysten die dunkle Abfassung zum Vorwurf, und dieser Vorwurf, den man schon gegen

---

*) *Journal de Liouville, t. XI, p. 381—444.*

**) Lacroix und Poisson als Berichterstatter. Welches die (ein wenig trocken gehaltenen) Ergebnisse der Berichterstattung waren, kann man aus der Art ersehen, wie sich Lacroix in der sechsten Auflage seiner *Compléments des Éléments d'Algèbre*, S. 345, ausdrückt. Es heisst da: „Im Jahre 1831 hatte ein junger Franzose, Évariste Galois, der im folgenden Jahre starb, in einer der Akademie der Wissenschaften eingereichten Abhandlung den Satz ausgesprochen, dass es, damit eine irreductible Gleichung, deren Grad eine Primzahl, durch Wurzelgrössen lösbar sei, notwendig und hinreichend sei, dass sich, wenn irgend zwei der Wurzeln bekannt seien, die übrigen rational aus ihnen herleiten liessen; aber diese Abhandlung erschien den mit ihrer Prüfung beauftragten Kommissaren beinahe unverständlich."

seine früheren Mitteilungen gerichtet hatte (wir erfahren dies von Galois selbst), war, wie man gestehen muss, begründet. Ein übertriebener Wunsch nach Kürze war die Ursache dieses Mangels, den man überall bei der Behandlung der abstracten und in geheimnisvolles Dunkel gehüllten Gegenstände der reinen Algebra zu vermeiden suchen muss. Klarheit ist in der That um so notwendiger, je weiter man den Leser von den gebahnten Wegen ab- und in je ödere Gegenden man ihn hinzuführen gedenkt. „Handelt es sich“, sagte Descartes, „um aussergewöhnliche Fragen, so muss man in aussergewöhnlicher Weise klar sein.“ Galois hat diese Vorschrift zu oft vernachlässigt, und wir begreifen es, wenn es berühmte Geometer für angemessen gehalten haben, den Versuch zu machen, einen Anfänger von hohem Geist aber ohne Übung durch die Strenge ihrer weisen Ratschläge auf den rechten Weg zurückzuführen. Der Verfasser, den sie begutachten sollten, war in ihren Augen zu hitzig und stürmisch; er konnte aus ihren Ratschlägen Nutzen ziehen.

Aber heutzutage ist alles anders. Galois ist nicht mehr! Hüten wir uns wohl, ihn mit unnützer Kritik zu verfolgen, lassen wir die Mängel bei Seite und sehen wir uns die guten Eigenschaften an.

Als ich mich, dem Wunsche der Freunde Évariste's nachgebend, gewissermassen unter den Augen seines Bruders*) dem aufmerksamen Studium aller gedruckten oder handschriftlichen Arbeiten, die er hinterlassen, hingab, habe ich es als meine einzige Aufgabe betrachten zu müssen geglaubt, das, was neues in diesen Schöpfungen war, herauszusuchen und herauszuschälen, um es sodann, so gut ich's kann, herauszugeben. Mein Eifer wurde bald belohnt, und ich habe die lebhafteste Freude in dem Augenblicke empfunden, als ich, nach Ausfüllung einiger unbedeutender Lücken die vollkommene Richtigkeit der Methode erkannte, durch welche Galois besonders den folgenden schönen Satz beweist: „Damit eine irreductible Gleichung, deren Grad eine Primzahl ist, durch Wurzelgrössen lösbar sei, ist notwendig und hinreichend, dass sämtliche Wurzeln rationale Functionen irgend zweier von ihnen seien.“ Diese Methode, die der Aufmerksamkeit der Geometer wahrhaft würdig ist, würde allein genügen, um Galois einen Platz unter der kleinen Zahl von Gelehrten zu sichern, die den Titel „Erfinder“ verdient haben.

Wir geben zunächst die verschiedenen Artikel wieder, die von Galois in den Jahren 1828 bis 1830 in den Annalen von Gergonne und in dem *Bulletin des Sciences* von Férussac veröffentlicht worden sind. Sodann sollen die nicht veröffentlichten Abhandlungen und endlich ein Kommentar kommen, in dem wir gewisse Stellen zu vervollständigen und einige heikele Punkte zu erläutern beabsichtigen.

Am Abend vor seinem Tode und in der Voraussicht des traurigen Geschickes, welches ihn erwartete, entwarf Galois eine Übersicht über die grossen Ideen, mit denen er sich beschäftigt hatte, und richtete unter der

*) Alfred Galois.

Form eines Briefes an seinen besten Freund, Auguste Chevalier, dieses letzte Schriftstück, eine Art wissenschaftlichen Testaments, das wir als Vorwort der nachgelassenen Abhandlungen geben, und das man nicht ohne Rührung lesen wird, wenn man bedenkt, unter welchen Umständen es verfasst wurde. Dieser Brief ist im Jahre 1832 in die Septembernummer der *Revue encyclopédique*, Seite 568, eingerückt worden. Eine nekrologische Notiz über Galois von Auguste Chevalier ist in derselben Nummer Seite 744 erschienen. Wir haben es nicht für zweckmässig gehalten, dieselbe in unsere Sammlung aufzunehmen. Sie enthält interessante Einzelheiten, die jedoch zum grössten Teil der Wissenschaft fern liegen. Und gewisse Behauptungen, gewisse allzu unbedingte Urteile über Personen und Sachen würden vielleicht Widerspruch hervorrufen. Allerdings hat auch in den Augen derjenigen, welche sich am weitesten von seinen Ansichten entfernen, der Verfasser von vornherein Entschuldigung in der herzlichen Freundschaft gefunden, die ihn mit Galois verband. Wir, die wir diesen unglücklichen jungen Mann nicht gekannt noch auch jemals gesehen haben, werden uns ganz auf unsere Aufgabe als Geometer beschränken und die Bemerkungen, die wir uns erlauben werden, indem wir seine Werke auf die Aufforderung seiner Familie hin veröffentlichen, werden sich nur auf die Mathematik beziehen.

Toul, 30. October 1846.

Beweis eines Satzes über die periodischen Kettenbrüche.

(Annales de Mathématiques de M. Gergonne, tome XIX, S. 294, 1828—1829). *)

Es ist bekannt, dass, wenn man nach der Methode von Lagrange eine der Wurzeln einer Gleichung zweiten Grades in einen Kettenbruch entwickelt, dieser Kettenbruch periodisch ist und dass dasselbe gilt von einer der Wurzeln einer Gleichung beliebigen Grades, wenn diese Wurzel eine Wurzel eines rationalen Factors zweiten Grades der linken Seite der gegebenen Gleichung ist, in welchem Falle diese Gleichung mindestens noch eine andere Wurzel hat, deren Entwicklung in einen Kettenbruch gleichfalls periodisch ist. In dem einen wie in dem andern Falle kann übrigens der Kettenbruch unmittelbar periodisch oder nicht unmittelbar periodisch sein; sobald aber dieser letztere Umstand eintritt, so giebt es wenigstens eine unter den transformierten Gleichungen, für welche eine der Wurzeln unmittelbar periodisch ist.

Wenn nun eine Gleichung zwei periodische Wurzeln hat, welche zu einem und demselben rationalen Factor zweiten Grades gehören, und wenn die Kettenbruchentwicklung der einen von Anfang an periodisch ist, so existiert zwischen diesen beiden Wurzeln eine ziemlich bemerkenswerte Beziehung, die noch nicht bemerkt worden zu sein scheint und durch den folgenden Satz ausgedrückt werden kann:

Satz. Wenn eine der Wurzeln einer Gleichung beliebigen Grades ein von Anfang an periodischer Kettenbruch ist, so besitzt diese Gleichung notwendig eine andere gleichfalls periodische Wurzel, welche man erhält, wenn man die negative Einheit durch diesen selben, aber in umgekehrter Reihenfolge geschriebenen periodischen Kettenbruch dividiert.

Beweis. Um einen bestimmten Fall vor Augen zu haben, nehmen wir nur Perioden von vier Gliedern, denn der gleichförmige Gang der Rechnung

*) Galois war damals Schüler am Collège Louis-le-Grand.

zeigt, dass dasselbe gelten würde, wenn wir eine grössere Anzahl von Gliedern zuliessen. Ist eine der Wurzeln einer Gleichung beliebigen Grades folgendermassen dargestellt:

$$x = a + \cfrac{1}{b + \cfrac{1}{c + \cfrac{1}{d + \cfrac{1}{a + \cfrac{1}{b + \cfrac{1}{c + \cfrac{1}{d + \cdots,}}}}}}}$$

so wird die Gleichung zweiten Grades, zu welcher diese Wurzel gehört und die somit auch die mit ihr zusammengehörige Wurzel enthalten wird, die folgende sein:

$$x = a + \cfrac{1}{b + \cfrac{1}{c + \cfrac{1}{d + \cfrac{1}{x}}}}$$

Nun leitet man aber hieraus der Reihe nach her:

$$a - x = - \cfrac{1}{b + \cfrac{1}{c + \cfrac{1}{d + \cfrac{1}{x}}}}$$

$$\frac{1}{a - x} = - \left(b + \cfrac{1}{c + \cfrac{1}{d + \cfrac{1}{x}}} \right.$$

$$b + \frac{1}{a - x} = - \cfrac{1}{c + \cfrac{1}{d + \cfrac{1}{x}}}$$

$$\cfrac{1}{b + \cfrac{1}{a - x}} = - \left(c + \cfrac{1}{d + \cfrac{1}{x}} \right.$$

$$c + \cfrac{1}{b + \cfrac{1}{a - x}} = - \cfrac{1}{d + \cfrac{1}{x}}$$

$$\cfrac{1}{c + \cfrac{1}{b + \cfrac{1}{a - x}}} = - \left(d + \frac{1}{x} \right.$$

$$d+\cfrac{1}{c+\cfrac{1}{b+\cfrac{1}{a-x}}}=-\frac{1}{x}$$

$$\cfrac{1}{d+\cfrac{1}{c+\cfrac{1}{b+\cfrac{1}{a-x}}}}=-x$$

d. h.

$$x=-\cfrac{1}{d+\cfrac{1}{c+\cfrac{1}{b+\cfrac{1}{a-x}}}}$$

Dies ist also immer die Gleichung zweiten Grades, welche die beiden in Rede stehenden Wurzeln giebt. Setzt man aber fortwährend für x auf der rechten Seite eben diese rechte Seite, welche in der That ihr Wert ist, so giebt sie:

$$x=-\cfrac{1}{d+\cfrac{1}{c+\cfrac{1}{b+\cfrac{1}{a+\cfrac{1}{d+\cfrac{1}{c+\cfrac{1}{b+\cfrac{1}{a+\cdots}}}}}}}}.$$

Dies ist also der andere Wert von x, welcher durch jene Gleichung geliefert wird, ein Wert, der, wie man sieht, gleich der negativen Einheit dividiert durch den ersten Wert ist.

Im Vorhergehenden haben wir angenommen, dass die gegebene Wurzel grösser als die Einheit sei; wenn man aber hätte:

$$x=\cfrac{1}{a+\cfrac{1}{b+\cfrac{1}{c+\cfrac{1}{d+\cfrac{1}{a+\cfrac{1}{b+\cfrac{1}{c+\cfrac{1}{d+\cdots}}}}}}}},$$

so würde man daraus folgern für einen der Werte von $\frac{1}{x}$:

$$\frac{1}{x}=a+\cfrac{1}{b+\cfrac{1}{c+\cfrac{1}{d+\cfrac{1}{a+\cfrac{1}{b+\cfrac{1}{c+\cfrac{1}{d+\cdots}}}}}}},$$

somit würde der andere Wert von $\frac{1}{x}$ nach dem Vorhergehenden sein:

$$\frac{1}{x}=-\cfrac{1}{d+\cfrac{1}{c+\cfrac{1}{b+\cfrac{1}{a+\cfrac{1}{d+\cfrac{1}{c+\cfrac{1}{b+\cfrac{1}{a+\cdots}}}}}}}}$$

und hieraus würde für den andern Wert von x folgen:

$$x=-\left(d+\cfrac{1}{c+\cfrac{1}{b+\cfrac{1}{a+\cfrac{1}{d+\cfrac{1}{c+\cfrac{1}{b+\cfrac{1}{a+\cdots}}}}}}}\right.$$

oder:

$$x=-1:\cfrac{1}{d+\cfrac{1}{c+\cfrac{1}{b+\cfrac{1}{a+\cfrac{1}{d+\cfrac{1}{c+\cfrac{1}{b+\cfrac{1}{a+\cdots}}}}}}}},$$

was genau mit unserm Satze übereinstimmt.

Ist A ein von Anfang an periodischer Kettenbruch und B der Kettenbruch, welcher daraus hervorgeht, wenn man die Periode umkehrt, so sieht man, dass, wenn die eine der Wurzeln einer Gleichung $x=A$ ist, diese

Gleichung notwendig eine andere Wurzel $x = -\frac{1}{B}$ hat; wenn nun A eine positive Zahl grösser als die Einheit ist, so wird $-\frac{1}{B}$ negativ und zwischen 0 und -1 enthalten sein und umgekehrt, wenn A eine negative, zwischen 0 und -1 liegende Zahl ist, so wird $-\frac{1}{B}$ eine positive Zahl grösser als die Einheit sein. Somit ist, wenn die eine der Wurzeln einer Gleichung zweiten Grades ein unmittelbar periodischer Kettenbruch und grösser als die Einheit ist, die andere notwendig zwischen 0 und -1 enthalten und umgekehrt, wenn eine von ihnen zwischen 0 und -1 enthalten ist, so wird die andere notwendig positiv und grösser als die Einheit sein.

Man kann beweisen, dass umgekehrt, wenn die eine der beiden Wurzeln einer Gleichung zweiten Grades positiv und grösser als die Einheit ist und wenn die andere zwischen 0 und -1 liegt, diese Wurzeln durch unmittelbar periodische Kettenbrüche darstellbar sind.

Es sei nämlich stets A irgend ein unmittelbar periodischer Kettenbruch, der positiv und grösser als die Einheit ist, und B der unmittelbar periodische Kettenbruch, welcher daraus hervorgeht, wenn man die Periode umkehrt, und der ebenfalls, wie jener, positiv und grösser als die Einheit ist. Die erste der Wurzeln der gegebenen Gleichung kann nicht von der Form

$$x = p + \frac{1}{A}$$

sein; denn alsdann müsste unserm Satze zufolge die zweite sein:

$$x = p + \frac{1}{-\frac{1}{B}} = p - B.$$

Nun könnte aber $p - B$ nur zwischen 0 und -1 enthalten sein, solange der ganzzahlige Teil von B gleich p wäre, in welchem Falle der erste Wert unmittelbar periodisch sein würde. — Man könnte ferner nicht für den ersten Wert von x

$$x = p + \frac{1}{q + \frac{1}{A}}$$

haben, denn alsdann würde der andere sein:

$$x = p + \frac{1}{q - B} \text{ oder } x = p - \frac{1}{B - q}$$

Wenn aber dieser Wert zwischen 0 und -1 enthalten sein sollte, so müsste zunächst $\frac{1}{B-q}$ gleich p plus einem Bruch sein. Es müsste also $B - q$

kleiner als die Einheit sein, was erfordern würde, dass B gleich q plus einem Bruch wäre, und hieraus sieht man, dass q und p respective gleich den beiden ersten Gliedern der Periode, welche zu B gehört, oder gleich den beiden letzten Gliedern der zu A gehörigen Periode sein müssten, so dass, im Widerspruch mit der Voraussetzung, der Wert $x=p+\cfrac{1}{q+\cfrac{1}{A}}$ unmittelbar periodisch sein würde. — Durch analoge Schlussfolgerungen könnte man beweisen, dass den Perioden nicht eine grössere Anzahl von Gliedern, die nicht teil daran hätten, vorausgehen kann.

Sobald man also eine numerische Gleichung nach der Methode von Lagrange behandelt, kann man sicher sein, dass man auf keine periodischen Wurzeln zu hoffen hat, so lange man nicht einer transformierten Gleichung begegnet, welche wenigstens eine positive die Einheit übersteigende und eine andere zwischen 0 und —1 liegende Wurzel hat, und wenn die Wurzel, welche man untersucht, wirklich periodisch sein sollte, so werden die Perioden höchstens bei dieser transformierten Gleichung anfangen.

Wenn die Kettenbruchentwicklung einer der Wurzeln einer Gleichung zweiten Grades nicht allein unmittelbar periodisch, sondern auch symmetrisch ist, d. h. wenn die Glieder der Periode in gleichem Abstande von den Enden einander gleich sind, so hat man $B=A$, so dass diese beiden Wurzeln sein werden A und $-\frac{1}{A}$. Die Gleichung wird also sein:

$$Ax^2-(A^2-1)x-A=0.$$

Umgekehrt besitzt jede Gleichung zweiten Grades von der Form

$$ax^2-bx-a=0$$

Wurzeln, deren Kettenbruchentwicklungen zugleich unmittelbar periodisch und symmetrisch sind. Setzt man nämlich für x nach einander ∞ und -1, so erhält man negative Resultate, woraus man sieht, dass diese Gleichung eine positive Wurzel grösser als die Einheit und eine negative Wurzel zwischen 0 und —1 hat, und dass somit diese Wurzeln unmittelbar periodisch sind. Ferner ändert sich diese Gleichung nicht, wenn man darin x mit $-\frac{1}{x}$ vertauscht, und hieraus folgt, dass, wenn A eine ihrer Wurzeln ist, die andere $-\frac{1}{A}$ sein wird und somit in diesem Falle $B=A$ ist.

Wir wollen diese allgemeinen Sätze auf die Gleichung zweiten Grades anwenden:

$$3x^2-16x+18=0.$$

Man findet für sie zunächst eine positive zwischen 3 und 4 enthaltene Wurzel. Setzt man

$$x = 3 + \frac{1}{y},$$

so erhält man die transformierte Gleichung:

$$3y^2 - 2y - 3 = 0,$$

deren Form uns lehrt, dass die Werte von y zugleich unmittelbar periodisch und symmetrisch sind. In der That, setzt man der Reihe nach:

$$y = 1 + \frac{1}{z},$$
$$z = 2 + \frac{1}{t},$$
$$t = 1 + \frac{1}{u},$$

so erhält man die transformierten Gleichungen:

$$2z^2 - 4z - 3 = 0$$
$$3t^2 - 4t - 2 = 0$$
$$3u^2 - 2u - 3 = 0.$$

Die Identität der Gleichungen in u und y beweist, dass der positive Wert von y ist:

$$y = 1 + \cfrac{1}{2 + \cfrac{1}{1 + \cfrac{1}{1 + \cfrac{1}{2 + \cfrac{1}{1 + \cdots}}}}},$$

der negative Wert wird also sein:

$$y = -\cfrac{1}{1 + \cfrac{1}{2 + \cfrac{1}{1 + \cfrac{1}{1 + \cfrac{1}{2 + \cfrac{1}{1 + \cdots}}}}}}.$$

Die beiden Werte von x werden daher sein:

$$x = 3 + \cfrac{1}{1 + \cfrac{1}{2 + \cfrac{1}{1 + \cfrac{1}{1 + \cfrac{1}{2 + \cfrac{1}{1 + \cdots}}}}}}, \qquad x = 3 - \cfrac{1}{1 + \cfrac{1}{2 + \cfrac{1}{1 + \cfrac{1}{1 + \cfrac{1}{2 + \cfrac{1}{1 + \cdots}}}}}},$$

von denen der letzte nach der bekannten Formel

$$p - \frac{1}{q} = p - 1 + \cfrac{1}{1 + \cfrac{1}{q-1}}$$

wird:

$$x = 1 + \cfrac{1}{1 + \cfrac{1}{1 + \cfrac{1}{1 + \cfrac{1}{1 + \cfrac{1}{2 + \cfrac{1}{1 + \cfrac{1}{1 + \cfrac{1}{2 + \cfrac{1}{1 + \cdots}}}}}}}}}.$$

Analyse einer Abhandlung über die algebraische Auflösung der Gleichungen.

(Bulletin des Sciences Mathém. de M. Férussac, Bd. XIII, S. 271, [1830, Aprilheft]).

Man nennt nicht-primitive Gleichungen diejenigen Gleichungen, welche sich, wenn sie zum Beispiel vom Grade mn sind, mit Hülfe einer einzigen Gleichung vom Grade m in m Factoren vom Grade n zerlegen lassen. Es sind dies die Gauss'schen Gleichungen. Die primitiven Gleichungen sind diejenigen, welche eine derartige Vereinfachung nicht zulassen. Ich bin hinsichtlich der primitiven Gleichungen zu folgenden Resultaten gekommen.

1. Damit eine Gleichung, deren Grad eine Primzahl ist, durch Wurzelgrössen auflösbar sei, ist notwendig und hinreichend, dass, wenn irgend zwei ihrer Wurzeln bekannt sind, die andern sich rational daraus herleiten lassen.

2. Damit eine primitive Gleichung vom Grade m durch Wurzelgrössen lösbar sei, muss $m = p^\nu$ sein, wo p eine Primzahl ist.

3. Abgesehen von den weiter unten erwähnten Fällen ist, damit eine primitive Gleichung vom Grade p^ν durch Wurzelgrössen lösbar sei, notwendig, dass, wenn irgend zwei ihrer Wurzeln bekannt sind, die anderen sich rational daraus herleiten lassen.

Der vorstehenden Regel gehorchen nicht die folgenden sehr speciellen Fälle:

1. Der Fall $m = p^\nu = 9, = 25$.

2. Der Fall $m = p^\nu = 4$ und allgemein derjenige, in welchem, wenn a^α ein Teiler von $\frac{p^\nu - 1}{p - 1}$ ist, a eine Primzahl und

$$\frac{p^\nu - 1}{a^\alpha(p-1)}\nu = p \pmod{a^\alpha}$$

sein würde.

Diese Fälle entfernen sich jedoch nur wenig von der allgemeinen Regel.

Ist $m = 9$ oder $= 25$, so muss die Gleichung von der Art derjenigen sein, welche die Drei- und Fünfteilung der elliptischen Functionen bestimmen.

Im zweiten Falle ist immer notwendig, dass, wenn zwei der Wurzeln bekannt sind, die andern sich daraus herleiten lassen wenigstens mit Hülfe einer Anzahl von Wurzelgrössen vom Grade p, die gleich ist der Anzahl der Teiler a^α von $\frac{p^\nu - 1}{p - 1}$ von solcher Beschaffenheit, dass

$$\frac{p^\nu - 1}{a^\alpha(p-1)} \nu = p (\text{mod. } a^\alpha) \text{ und } a \text{ Primzahl}$$

ist.

Alle diese Sätze sind abgeleitet aus der Theorie der Permutationen.

Nachstehend gebe ich andere Resultate, die aus meiner Theorie fliessen.

1. Es sei k der Modul einer elliptischen Function und p eine gegebene Primzahl grösser als 3. Damit die Gleichung vom Grade $p+1$, welche die verschiedenen Moduln der transformierten Functionen bezüglich der Zahl p giebt, durch Wurzelgrössen lösbar sei, ist von zwei Dingen das eine notwendig: entweder dass eine der Wurzeln rational bekannt sei, oder dass sie sämtlich rationale Functionen von einander sind. Es handelt sich hier, wohl verstanden, nur um besondere Werte des Moduls k. Es ist augenscheinlich, dass dies nicht allgemein stattfindet. Diese Regel gilt nicht für $p = 5$.

2. Es ist bemerkenswert, dass die allgemeine Modulargleichung sechsten Grades, welche der Zahl 5 entspricht, erniedrigt werden kann auf eine fünften Grades, deren reducierte Gleichung sie ist. Dagegen lassen sich für höhere Grade die Modulargleichungen nicht erniedrigen.*)

*) Diese Behauptung ist nicht vollkommen exact, wie Galois selbst in dem weiter unten befindlichen Briefe an Auguste Chevalier mitgeteilt hat. Er sagt allgemein zu dem Gegenstande des Artikels, den wir hier wiedergeben: „Die Bedingung, welche ich in dem Bulletin von Férussac für die Lösbarkeit durch Wurzelgrössen angegeben habe, ist zu beschränkt; es giebt wenig Ausnahmen, aber es giebt welche.“ Was die Modulargleichungen insbesondere betrifft, so erklärt er die Erniedrigung vom Grade $p+1$ auf den Grad p für möglich nicht allein für $p = 5$, sondern auch für $p = 7$ und $p = 11$, hält aber die Unmöglichkeit derselben für $p > 11$ aufrecht. Anm. v. Liouville.

Über die Theorie der Zahlen.

(Bulletin des Sciences Mathém. de Férussac, Bd. XIII, S. 428, [1830, Juniheft].) *)

Wenn man übereinkommt, dass alle Grössen als Null betrachtet werden sollen, welche in algebraischen Rechnungen mit einer gegebenen Primzahl p multipliciert erscheinen, und man sucht unter dieser Festsetzung die Lösungen einer algebraischen Gleichung $F(x) = 0$, was Gauss durch die Bezeichnung $F(x) \equiv 0$ andeutet, so betrachtet man gewöhnlich nur die ganzzahligen Lösungen dieser Art von Aufgaben. Nachdem ich durch specielle Untersuchungen darauf geführt worden war, die incommensurablen Lösungen zu betrachten, bin ich zu einigen Resultaten gelangt, die, wie ich glaube, neu sind.

Es sei eine derartige Gleichung oder Congruenz

$$F(x) = 0,$$

und p der Modul. Nehmen wir zunächst der grösseren Einfachheit wegen an, dass die in Rede stehende Gleichung keinen commensurablen Factor besitze, d. h. dass man nicht drei Functionen $\varphi(x)$, $\psi(x)$, $\chi(x)$ von solcher Beschaffenheit finden könne, dass

$$\varphi(x)\psi(x) = F(x) + p\chi(x)$$

sei. Dann wird also in diesem Falle die Congruenz keine ganzzahlige noch auch eine incommensurable Wurzel niedrigeren Grades besitzen. Man muss daher die Wurzeln dieser Congruenz als eine Art von imaginären Symbolen betrachten, da sie den Aufgaben über die ganzen Zahlen nicht genügen, Symbole, deren Anwendung in der Rechnung oft ebenso nützlich sein wird, wie diejenige der imaginären Grösse $\sqrt{-1}$ in der gewöhnlichen Analysis.

Die Klassifikation dieser imaginären Grössen und ihre Zurückführung auf die kleinstmögliche Anzahl ist es, welche uns im Folgenden beschäftigen wird.

*) Mit der folgenden Bemerkung: Diese Abhandlung gehört zu den Untersuchungen Galois's über die Theorie der Permutationen und der algebraischen Gleichungen.

Wir nennen i die eine der Wurzeln der Congruenz $F(x) = 0$, die wir als vom ν^{ten} Grade voraussetzen.

Wir betrachten den allgemeinen Ausdruck

$$\text{A)} \qquad a + a_1 i + a_2 i^2 + \cdots + a_{\nu-1} i^{\nu-1},$$

in welchem $a, a_1, a_2, \ldots, a_{\nu-1}$ ganze Zahlen vorstellen. Giebt man diesen Zahlen sämtliche Werte, so nimmt der Ausdruck (A) p^ν Werte an, welche, wie ich zeigen werde, dieselben Eigenschaften besitzen, wie die natürlichen Zahlen in der Theorie der Potenzreste.

Wir nehmen von den Ausdrücken (A) nur die $p^\nu - 1$ Werte, in denen $a, a_1, a_2, \ldots, a_{\nu-1}$ nicht sämtlich Null sind; einer dieser Ausdrücke sei α.

Erhebt man α nach und nach auf die zweite, dritte, ... Potenz, so erhält man eine Reihe von Grössen von derselben Form (da sich jede Function von i auf den $\nu - 1^{\text{ten}}$ Grad reducieren lässt). Mithin muss man haben $\alpha^n = 1$, wo n eine gewisse Zahl ist; es sei n die kleinste Zahl von der Beschaffenheit, dass man $\alpha^n = 1$ hat. Dann wird man einen Complex von n unter einander ganz verschiedenen Ausdrücken erhalten:

$$1, \alpha, \alpha^2, \alpha^3, \ldots, \alpha^{n-1}.$$

Multiplicieren wir diese n Grössen mit einem andern Ausdruck β von derselben Form, so werden wir noch eine neue Gruppe von Grössen erhalten, die von den ersten und unter einander sämtlich verschieden sind. Sind die Grössen (A) noch nicht erschöpft, so multipliciere man ferner die Potenzen von α mit einem neuen Ausdruck γ und so fort. Man sieht daher, dass die Zahl n notwendig in der Gesamtzahl der Grössen (A) aufgehen wird, und da diese Zahl gleich $p^\nu - 1$ ist, so sieht man, dass n ein Teiler sein wird von $p^\nu - 1$. Hieraus folgt ferner, dass man hat:

$$\alpha^{p^\nu - 1} = 1 \text{ oder vielmehr } \alpha^{p^\nu} = \alpha.$$

Sodann beweist man, ganz ebenso wie in der Theorie der Zahlen, dass es primitive Wurzeln α giebt, für welche man genau $p^\nu - 1 = n$ hat und die infolge dessen durch Erhebung zu den Potenzen die ganze Reihe der übrigen Wurzeln hervorbringen.

Und irgend eine dieser primitiven Wurzeln wird nur von einer Congruenz ν^{ten} Grades abhängen, einer irreductiblen Congruenz, denn sonst würde es die Gleichung in i nicht mehr sein, da die Wurzeln der Congruenz in i sämtlich Potenzen der primitiven Wurzel sind.

Man erkennt hieraus die bemerkenswerte Folgerung, dass sämtliche algebraischen Grössen, welche sich in der Theorie darbieten können, Wurzeln von Gleichungen von der Form sind:

$$x^{p^\nu} = x.$$

Dieser **Satz,** algebraisch ausgesprochen, lautet folgendermassen:

Sind eine Function $F(x)$ und eine Primzahl p gegeben, so kann man setzen:

$$f(x)F(x) = x^{p^\nu} - x + p\varphi(x),$$

wo $f(x)$ und $\varphi(x)$ ganzzahlige Functionen sind, und zwar allemal, wenn die Congruenz $F(x) \equiv 0 \pmod{p}$ irreductibel ist.

Will man sämtliche Wurzeln einer derartigen Congruenz mittelst einer einzigen haben, so braucht man nur zu bemerken, dass man allgemein hat:

$$\big(F(x)\big)^{p^n} = F(x^{p^n}),$$

und dass folglich, wenn die eine der Wurzeln x ist, die andern sein werden:

$$x^p, \quad x^{p^2}, \quad \ldots, \quad x^{p^\nu - 1}.\text{*)}$$

Es handelt sich jetzt darum zu zeigen, dass, umgekehrt zu dem, was wir soeben gesagt haben, die Wurzeln der Gleichung oder der Congruenz $x^{p^\nu} = x$ sämtlich von einer einzigen Congruenz vom Grade ν abhängen.

Es sei nämlich i eine Wurzel einer irreductiblen Congruenz und von solcher Beschaffenheit, dass sämtliche Wurzeln der Congruenz $x^{p^\nu} = x$ rationale Functionen von i seien. Es ist klar, dass hier, ebenso wie bei den gewöhnlichen Gleichungen, diese Eigenschaft stattfindet.**)

Es ist zunächst evident, dass der Grad μ der Congruenz in i nicht kleiner sein kann als ν, da sonst die Congruenz

$$\nu) \qquad x^{p^\nu - 1} - 1 = 0$$

alle ihre Wurzeln mit der Congruenz

$$x^{p^\mu - 1} - 1 = 0$$

---

*) Daraus, dass die Wurzeln der irreductiblen Gleichung ν^{ten} Grades $F(x) = 0$ ausgedrückt werden durch die Reihe

$$x, \quad x^p, \quad x^{p^2}, \quad \ldots, \quad x^{p^\nu - 1},$$

würde man mit Unrecht schliessen, dass diese Wurzeln stets Grössen seien, welche durch Wurzelgrössen ausdrückbar sind. Nachstehend ein Beispiel des Gegenteils. Die irreductible Congruenz

$$x^2 + x + 1 = 0 \pmod{2}$$

giebt:

$$x = \frac{-1 + \sqrt{-3}}{2},$$

und dies reduciert sich auf $\frac{0}{0} \pmod{2}$, eine Formel, die nichts beweist.

**) Der allgemeine Satz, um den es sich hier handelt, kann folgendermassen ausgesprochen werden: Ist eine algebraische Gleichung gegeben, so kann man eine rationale Function ϑ aller ihrer Wurzeln von der Art finden, dass umgekehrt jede der Wurzeln sich rational ausdrückt durch ϑ. Dieser Satz war Abel bekannt, wie man aus dem ersten Teile der Abhandlung ersehen kann, welche dieser berühmte Geometer über die elliptischen Functionen hinterlassen hat.

gemeinschaftlich haben würde, was absurd ist, da die Congruenz (ν) keine gleichen Wurzeln hat, wie man sieht, wenn man die Ableitung der linken Seite nimmt. Ich behaupte jetzt, dass μ nicht grösser sein kann als ν.

In der That, wenn dem so wäre, müssten alle Wurzeln der Congruenz

$$x^{p^\mu} = x$$

rational abhängig sein von denen der Congruenz

$$x^{p^\nu} = x.$$

Es ist indessen leicht zu sehen, dass, wenn man

$$i^{p^\nu} = i$$

hat, jede rationale Function $h = f(i)$ ebenfalls giebt:

$$\big(f(i)\big)^{p^\nu} = f(i^{p^\nu}) = f(i),$$

woraus folgt:

$$h^{p^\nu} = h.$$

Mithin würde die Congruenz $x^{p^\mu} = x$ alle Wurzeln gemeinschaftlich haben mit der Gleichung $x^{p^\nu} = x$, was absurd ist.

Wir wissen also schliesslich, dass alle Wurzeln der Gleichung oder Congruenz $x^{p^\nu} = x$ notwendig von einer einzigen irreductiblen Congruenz ν^{ten} Grades abhängen.

Nun wird die allgemeinste Methode, um diese irreductible Congruenz, von welcher die Wurzeln der Congruenz $x^{p^\nu} = x$ abhängen, zu erhalten, die sein, dass man zunächst diese Congruenz von allen Factoren befreit, welche sie mit Congruenzen von niedrigerem Grade und von der Form

$$x^{p^\mu} = x$$

gemeinschaftlich haben könnte.

Man wird auf diese Weise eine Congruenz erhalten, welche sich in irreductible Congruenzen vom Grade ν zerlegen muss. Und da man alle Wurzeln jeder dieser irreductiblen Congruenzen mittelst einer einzigen auszudrücken weiss, so wird es leicht sein, sie alle nach der Methode von Gauss zu erhalten.

Sehr häufig wird man jedoch durch Probieren eine irreductible Gleichung von einem gegebenen Grade ν finden können, und daraus muss man dann alle andern ableiten.

Es sei z. B. $p = 7$, $\nu = 3$. Wir suchen die Wurzeln der Congruenz

1) $$x^{7^3} = x \pmod{7}.$$

Ich bemerke, dass, da die Congruenz

2) $$i^3 = 2 \pmod{7}$$

irreductibel und vom Grade 3 ist, alle Wurzeln der Congruenz 1) rational abhängen von derjenigen der Congruenz 2) derart, dass alle Wurzeln von 1) von der Form sind:

$$3)\quad a + a_1 i + a_2 i^2 \text{ oder vielmehr } a + a_1\sqrt[3]{2} + a_2\sqrt[3]{4}.$$

Man hat jetzt eine primitive Wurzel zu suchen, d. h. eine Form des Ausdrucks 3), welche auf sämtliche Potenzen erhoben, sämtliche Wurzeln der Congruenz

$$x^{7^3-1} = 1 \quad \text{d. h.} \quad x^{2\cdot 3^2\cdot 19} = 1 \pmod{7}$$

giebt, und dazu brauchen wir nur eine primitive Wurzel einer jeden der Congruenzen

$$x^2 = 1,\quad x^{3^2} = 1,\quad x^{19} = 1$$

zu bestimmen.

Die primitive Wurzel der ersten ist -1. Diejenigen von $x^{3^2} = 1$ werden gegeben durch die Gleichungen

$$x^3 = 2,\quad x^3 = 4,$$

so dass i eine primitive Wurzel von $x^{3^2} = 1$ ist.

Es bleibt nur noch übrig, eine Wurzel der Gleichung $x^{19} - 1 = 0$ oder vielmehr von

$$\frac{x^{19}-1}{x-1} = 0$$

zu suchen, und dazu probieren wir, ob wir nicht einfach der Aufgabe genügen können, indem wir einfach $x = a + a_1 i$ an Stelle von $a + a_1 i + a_2 i^2$ setzen. Wir müssen haben:

$$(a + a_1 i)^{19} = 1,$$

und dieses reduciert sich, wenn man nach der Newton'schen Formel entwickelt und die Potenzen von a, a_1 und i nach den Formeln

$$a^{m(p-1)} = 1,\quad a_1^{m(p-1)} = 1,\quad i^3 = 2$$

vereinfacht, auf

$$3\left(a - a^4 a_1{}^3 + (a^5 a_1{}^2 + a^2 a_1{}^5) i^2\right) = 1.$$

Hieraus folgt, wenn man separiert:

$$\begin{aligned} 3a - 3a^4 a_1{}^3 &= 1 \\ a^5 a_1{}^2 + a^2 a_1{}^5 &= 0. \end{aligned}$$

Diese letzten Gleichungen werden befriedigt, wenn man $a = -1$, $a_1 = 1$ setzt. Mithin ist

$$-1 + i$$

eine primitive Wurzel von $x^{19} = 1$. Wir haben oben als primitive Wurzeln der Gleichungen $x^2 = 1$ und $x^{3^2} = 1$ die Werte -1 und i gefunden. Es bleibt also nur noch übrig, die drei Grössen

$$-1,\quad i,\quad -1 + i$$

mit einander zu multiplicieren; das Product $i - i^2$ wird eine primitive Wurzel der Congruenz

$$x^{7^3-1} = 1$$

sein.

Es besitzt also hier der Ausdruck $i - i^2$ die Eigenschaft, dass, wenn man ihn auf alle Potenzen erhebt, man $7^3 - 1$ Ausdrücke erhält, die von einander verschieden und von der Form sind:

$$a + a_1 i + a_2 i^2.$$

Wenn wir die Congruenz niedrigeren Grades, von welcher diese primitive Wurzel abhängt, haben wollen, so müssen wir i zwischen den beiden Gleichungen

$$i^3 = 2, \quad \alpha = i - i^2$$

eliminieren. Wir erhalten so:

$$\alpha^3 - \alpha + 2 = 0.$$

Es wird zweckmässig sein, die Wurzel dieser Gleichung als Basis der Imaginären zu nehmen und dieselbe mit i zu bezeichnen, so dass

$$\text{i)} \qquad i^3 - i + 2 = 0$$

ist. Dann wird man alle Imaginären von der Form

$$a + a_1 i + a_2 i^2$$

erhalten, wenn man i auf sämtliche Potenzen erhebt und nach der Gleichung (i) reduciert.

Der Hauptvorteil der neuen Theorie, welche wir soeben auseinandergesetzt haben, besteht in dem Umstande, dass man die Congruenzen auf die (bei den gewöhnlichen Gleichungen so nützliche) Eigenschaft zurückführt, genau ebensoviele Wurzeln zuzulassen, als ihr Grad Einheiten enthält.

Die Methode, diese Wurzeln sämtlich zu erhalten, ist sehr einfach. Zuerst kann man immer die gegebene Congruenz $F(x) = 0$ derart vorbereiten, dass sie keine gleichen Wurzeln hat, oder mit andern Worten, derart, dass sie mit $F'(x) = 0$ keinen gemeinschaftlichen Factor hat, und der Weg, auf welchem dies zu machen ist, ist offenbar derselbe, wie bei den gewöhnlichen Gleichungen.

Um sodann die ganzzahligen Lösungen zu finden, genügt es, wie zuerst Libri bemerkt zu haben scheint, den grössten gemeinschaftlichen Factor von $F(x) = 0$ und $x^{p-1} = 1$ zu suchen.

Wenn man nun die imaginären Lösungen zweiten Grades haben will, so suche man den grössten gemeinschaftlichen Factor zwischen $F(x)$ und $x^{p^2-1} = 1$, und allgemein werden die Lösungen von der Ordnung ν gegeben sein durch den grössten gemeinschaftlichen Teiler von $F(x) = 0$ und $x^{p^\nu-1} = 1$.

Die Betrachtung der imaginären Wurzeln der Congruenzen scheint besonders in der Theorie der Permutationen, wo man unaufhörlich die Form der Indices ändern muss, unerlässlich zu sein. Sie giebt ein einfaches und leichtes Mittel, zu erkennen, in welchem Falle eine primitive Gleichung durch Wurzelgrössen lösbar ist, wovon ich in wenig Worten einen Begriff zu geben versuchen will.

Es sei $f(x)=0$ eine algebraische Gleichung vom Grade p^ν. Wir nehmen an, dass die p^ν Wurzeln bezeichnet seien mit x_k, wo man dem Index k die p^ν Werte zu geben hat, welche durch die Congruenz

$$k^{p^\nu} = k \pmod{p}$$

bestimmt werden.

Wir nehmen irgend eine rationale Function V der p^ν Wurzeln x_k und transformieren diese Function, indem wir überall für den Index k den Index $(ak+b)^{p^r}$ setzen, wo a, b, r willkürliche Constanten sind, welche den Bedingungen

$$a^{p^\nu - 1} = 1, \quad b^{p^\nu} = b \pmod{p}, \quad r = \text{ganze Zahl}$$

genügen.

Giebt man den Constanten a, b, r alle Werte, deren sie fähig sind, so erhält man im Ganzen $p^\nu(p^\nu - 1)\nu$ Arten, die Wurzeln durch Substitutionen von der Form

$$[x_k, \; x_{(ak+b)^{p^r}}]$$

unter einander zu vertauschen, und die Function V selbst wird im Allgemeinen durch diese Substitution $p^\nu(p^\nu - 1)\nu$ verschiedene Formen annehmen.

Wir nehmen jetzt an, dass die gegebene Gleichung $f(x)=0$ derart sei, dass jede Function der Wurzeln, welche durch die soeben gebildeten $p^\nu(p^\nu - 1)\nu$ Permutationen nicht geändert wird, eben aus diesem Grunde einen rationalen numerischen Wert habe.

Dann bemerkt man, dass unter diesen Umständen die Gleichung $f(x)=0$ durch Wurzelgrössen lösbar ist, und um zu dieser Folgerung zu gelangen, genügt es zu bemerken, dass der für k substituierte Wert in jedem Index auf die drei Formen gebracht werden kann:

$$(ak+b)^{p^r} = [a(k+b')]^{p^r} = a'k^{p^r} + b'' = a'(k+b')^{p^r}.$$

Diejenigen, welche mit der Theorie der Gleichungen vertraut sind, werden dies ohne Schwierigkeit erkennen.

Diese Bemerkung würde wenig Bedeutung haben, wenn es mir nicht gelungen wäre zu beweisen, dass umgekehrt eine primitive Gleichung durch Wurzelgrössen nicht lösbar sein kann, wofern sie nicht den eben ausgesprochenen Bedingungen genügt (ich nehme die Gleichungen neunten und fünfundzwanzigsten Grades aus).

Auf diese Weise kann man für jede Zahl von der Form p^ν eine Gruppe von Permutationen von solcher Beschaffenheit bilden, dass jede Function der Wurzeln, welche durch diese Permutationen nicht geändert wird, einen rationalen Wert besitzen muss, falls die Gleichung p^νten Grades primitiv und durch Wurzelgrössen lösbar ist.

Übrigens giebt es nur die Gleichungen von einem solchen Grade p^ν, welche gleichzeitig primitiv und durch Wurzelgrössen lösbar sind.

Der allgemeine Satz, den ich eben ausgesprochen habe, präcisiert und entwickelt die Bedingungen, welche ich im Aprilheft des Bulletin*) gegeben hatte. Er deutet das Mittel an, eine Function der Wurzeln zu bilden, deren Wert rational ist, allemal wenn die primitive Gleichung vom Grade p^ν durch Wurzelgrössen lösbar ist, und führt infolgedessen zu Kennzeichen für die Lösbarkeit der Gleichungen, die, wenn sie nicht in der Rechnung praktisch brauchbar sein sollten, wenigstens theoretisch möglich sind.

Es ist zu bemerken, dass im Falle $\nu = 1$ die verschiedenen Werte von k nichts anderes als die Reihe der ganzen Zahlen sind. Die Anzahl der Substitutionen von der Form (x_k, x_{ak+b}) beträgt $p(p-1)$.

Die Function, welche im Falle der durch Wurzelgrössen auflösbaren Gleichungen einen rationalen Wert haben muss, hängt im Allgemeinen von einer Gleichung vom Grade $1 \cdot 2 \cdot 3 \cdots (p-2)$ ab, auf die man folglich die Methode, durch die man die rationalen Wurzeln findet, anwenden muss.

---

*) Vergl. oben S. 98.

Brief von Galois an Auguste Chevalier.

(Revue encyclopédique, 1832, Septembernummer, S. 568).

Mein lieber Freund.

Ich habe in der Analysis mehrere neue Sachen gemacht; die einen beziehen sich auf die Theorie der Gleichungen, die andern auf die Integralfunctionen.

In der Theorie der Gleichungen habe ich untersucht, in welchen Fällen die Gleichungen durch Wurzelgrössen lösbar sind, und dies gab mir Gelegenheit, diese Theorie zu vertiefen und alle möglichen Transformationen anzugeben, die man mit einer Gleichung vornehmen kann, selbst dann, wenn sie nicht durch Wurzelgrössen lösbar ist.

Man kann alles dieses in drei Abhandlungen zusammenfassen.

Die erste liegt fertig vor und trotz allem, was Poisson darüber gesagt hat, halte ich sie mit den Verbesserungen, die ich daran vorgenommen, aufrecht.

Die zweite enthält ziemlich merkwürdige Anwendungen auf die Theorie der Gleichungen. Ich gebe nachstehend eine kurze Übersicht über die wichtigsten Gegenstände.

1. Nach den Sätzen II und III der ersten Abhandlung erkennt man, dass ein grosser Unterschied besteht, ob man einer Gleichung eine der Wurzeln einer Hülfsgleichung adjungiert, oder ob man sie alle adjungiert.

In beiden Fällen teilt sich die Gruppe der Gleichung durch die Adjunction in Gruppen von solcher Art, dass man von der einen zur andern durch eine und dieselbe Substitution übergehen kann; aber die Bedingung, dass diese Gruppen dieselben Substitutionen haben, gilt sicher nur im zweiten Falle. Dies heisst die eigentliche Zerlegung *(décomposition propre)*.

In andern Worten, wenn eine Gruppe G eine andere H enthält, so kann die Gruppe G in Gruppen geteilt werden, deren jede man erhält, indem man auf die Permutationen von H eine und dieselbe Substitution anwendet, so dass

$$G = H + HS + HS' + \cdots$$

ist.

Und ebenso kann sie sich zerlegen in Gruppen, welche sämtlich dieselben Substitutionen haben, so dass

$$G = H + TH + T'H + \cdots$$

ist. Diese beiden Arten von Zerlegungen fallen für gewöhnlich nicht zusammen. Fallen sie zusammen, so wird die Zerlegung eine eigentliche genannt.

Man sieht leicht, dass, wenn die Gruppe einer Gleichung keiner eigentlichen Zerlegung fähig ist, man gut thun wird, diese Gleichung zu transformieren; die Gruppen der transformierten Gleichungen werden stets die gleiche Anzahl von Permutationen besitzen.

Wenn dagegen die Gruppe einer Gleichung einer eigentlichen Zerlegung fähig ist, so dass sie in M Gruppen von N Permutationen zerfällt, so kann man die gegebene Gleichung mit Hülfe zweier Gleichungen auflösen; die eine wird eine Gruppe von M Permutationen, die andere eine solche von N Permutationen haben.

Wenn man demnach an der Gruppe einer Gleichung alle möglichen eigentlichen Zerlegungen erschöpft hat, so wird man zu Gruppen gelangen, welche man transformieren kann, die aber immer dieselbe Anzahl von Permutationen haben werden.

Wenn die Anzahl der Permutationen, welche in jeder dieser Gruppen enthalten sind, eine Primzahl ist, so wird die Gleichung durch Wurzelgrössen lösbar sein, im andern Falle nicht.

Die kleinste Anzahl von Permutationen, welche eine unzerlegbare Gruppe haben kann, wenn diese Zahl keine Primzahl ist, ist $5 \cdot 4 \cdot 3$.

2. Die einfachsten Zerlegungen sind diejenigen, auf welche die Gauss'sche Methode anwendbar ist.

Da diese Zerlegungen auch bei der gegenwärtigen Form der Gruppe der Gleichung evident sind, so ist es unnütz, sich lange bei diesem Gegenstande aufzuhalten.

Welche Zerlegungen sind anwendbar auf eine Gleichung, welche sich nicht nach der Methode von Gauss vereinfacht?

Ich habe die Gleichungen, welche sich nicht nach der Gauss'schen Methode vereinfachen lassen, primitive Gleichungen genannt, womit nicht gesagt sein soll, dass diese Gleichungen wirklich unzerlegbar seien, vielmehr können sie sich sogar durch Wurzelgrössen auflösen lassen.

Als Hülfsbetrachtung für die Theorie der primitiven Gleichungen, welche durch Wurzelgrössen lösbar sind, habe ich im Juni des Jahres 1830 im Bulletin von Férussac eine Untersuchung über die Imaginären in der Theorie der Zahlen gegeben.

Man findet hier angefügt*) den Beweis der folgenden Sätze:

1. Damit eine primitive Gleichung durch Wurzelgrössen lösbar sei, muss sie vom Grade p^ν sein, wo p eine Primzahl ist.

2. Alle Permutationen einer solchen Gleichung sind von der Form:

$$x_{k,l,m,\ldots} \mid x_{ak+bl+cm+\cdots+h,\, a'k+b'l+c'm+\cdots+h',\, a''k+\cdots},$$

*) Galois spricht von Manuskripten, die bisher nicht erschienen sind und von uns hier veröffentlicht werden. Anm. v. Liouville.

wo $k, l, m, \ldots$ Indices, an Zahl ν, sind, welche sämtliche Wurzeln ergeben, wenn jeder von ihnen p Werte annimmt. Die Indices werden nach dem Modul p genommen, d. h. die Wurzel wird dieselbe sein, wenn man zu einem der Indices ein Vielfaches von p hinzufügt.

Die Gruppe, welche man erhält, wenn man sämtliche Substitutionen von dieser linearen Form ausführt, enthält

$$p^\nu(p^\nu - 1)(p^\nu - p)\ldots(p^\nu - p^{\nu-1})$$

Permutationen.

Diese Regel ist viel zu allgemein, als dass die Gleichungen, welche ihr entsprechen, sämtlich durch Wurzelgrössen lösbar sein sollten.

Die Bedingung, welche ich im Férussac'schen Bulletin dafür angegeben habe, dass eine Gleichung durch Wurzelgrössen lösbar sei, ist zu beschränkt; es giebt wenig Ausnahmen, aber es giebt welche.

Die letzte Anwendung der Theorie der Gleichungen bezieht sich auf die Modulargleichungen der elliptischen Functionen.

Bekanntlich ist die Gruppe der Gleichung, welche zu Wurzeln die Sinus der Amplitude der $p^2 - 1$ Teile einer Periode hat, die folgende:

$$x_{k,l}, \quad x_{ak+bl \mid ck+dl},$$

mithin hat die entsprechende Modulargleichung zur Gruppe:

$$x_{\frac{k}{l}}, \quad x_{\frac{ak+bl}{ck+dl}},$$

in welcher $\frac{k}{l}$ die $p+1$ Werte haben kann:

$$\infty, 0, 1, 2, \ldots, p-1.$$

Somit kann man, wenn man festsetzt, dass k unendlich werden kann, einfach schreiben:

$$x_k, \quad x_{\frac{ak+b}{ck+d}}.$$

Giebt man a, b, c, d alle Werte, so erhält man

$$(p+1)p(p-1)$$

Permutationen.

Diese Gruppe zerlegt sich nun eigentlich in zwei Gruppen, deren Substitutionen sind:

$$x_k, \quad x_{\frac{ak+b}{ck+d}},$$

wenn $ad - bc$ ein quadratischer Rest von p ist.

Die auf diese Weise vereinfachte Gruppe enthält

$$(p+1)p \cdot \frac{p-1}{2}$$

Permutationen. Es ist aber leicht zu sehen, dass sie nicht weiter eigentlich zerlegbar ist, wofern nicht $p = 2$ oder $p = 3$ ist.

Mithin wird, auf welche Weise man auch die Gleichung transformieren möge, ihre Gruppe immer dieselbe Anzahl Permutationen haben.

Es ist aber interessant zu wissen, ob ihr Grad sich erniedrigen lässt. Zunächst kann er nicht niedriger werden als p, da eine Gleichung von niedrigerem Grade als p nicht p als Factor in der Anzahl der Permutationen ihrer Gruppe haben kann.

Untersuchen wir also, ob die Gleichung vom Grade $p+1$, deren Wurzeln x_k man erhält, wenn man k alle Werte, ∞ mit eingeschlossen, giebt, und deren Gruppe die Substitutionen

$$x_k, \quad x_{\frac{ak+b}{ck+d}},$$

wo $ad-bc$ ein Quadrat ist, besitzt, sich auf den p^{ten} Grad erniedrigen lässt.

Nun ist dazu erforderlich, dass die Gruppe sich in p Gruppen von je $(p+1)\frac{p-1}{2}$ Permutationen zerlegt (natürlich uneigentlich).

Es seien 0 und ∞ zwei conjungierte Buchstaben *(lettres conjointes)* in der einen von diesen Gruppen. Die Substitutionen, durch welche 0 und ∞ ihre Plätze nicht ändern, werden von der Form sein:

$$x_k, \quad x_{m^2k}.$$

Wenn daher M der mit 1 conjungierte Buchstabe ist, so wird der mit m^2 conjungierte Buchstabe m^2M sein. Ist M ein Quadrat, so hat man demnach $M^2=1$. Diese Vereinfachung kann aber nur stattfinden für $p=5$.

Für $p=7$ findet man eine Gruppe von $(p+1)\frac{p-1}{2}$ Permutationen, in denen die mit

$$\infty \quad 1 \quad 2 \quad 4$$

conjungierten Buchstaben respective sind:

$$0 \quad 3 \quad 6 \quad 5.$$

Die Substitutionen dieser Gruppe sind von der Form

$$x_k, \quad x_{a\frac{k-b}{k-c}},$$

wo b der mit c conjungierte Buchstabe und a ein Buchstabe ist, der zu gleicher Zeit wie c Rest oder Nichtrest ist.

Für $p=11$ gelten dieselben Substitutionen mit denselben Bezeichnungen und die mit

$$\infty, 1, 3, 4, 5, 9$$

conjungierten Buchstaben sind respective

$$0, 2, 6, 8, 10, 7.$$

Mithin erniedrigt sich für die Fälle $p=5, 7, 11$ die Modulargleichung auf den p^{ten} Grad.

In aller Strenge aber gilt, dass eine solche Reduction nicht möglich ist für die Fälle höheren Grades.

Die dritte Abhandlung bezieht sich auf die Integrale.

Es ist bekannt, dass sich eine Summe von Gliedern bestehend aus einer und derselben elliptischen Function stets auf ein einziges Glied, vermehrt um algebraische und logarithmische Grössen, reducieren lässt.

Es giebt keine andern Functionen, für welche diese Eigenschaft stattfindet.

An ihre Stelle treten jedoch ganz analoge Eigenschaften bei allen Integralen von algebraischen Functionen.

Man behandelt gleichzeitig sämtliche Integrale, deren Differential eine Function der Veränderlichen und einer und derselben irrationalen Function der Veränderlichen ist, mag nun diese Irrationale eine Wurzelgrösse sein oder nicht, mag sie sich darstellen lassen durch Wurzelgrössen oder nicht.

Man findet, dass die Anzahl der verschiedenen Perioden des allgemeinsten auf eine gegebene Irrationale bezüglichen Integrals stets eine gerade Zahl ist.

Ist $2n$ diese Zahl, so hat man das folgende Theorem:

Irgend eine Summe von Gliedern lässt sich reducieren auf n Glieder, vermehrt um algebraische und logarithmische Grössen.

Die Functionen der ersten Art sind diejenigen, für welche der algebraische und logarithmische Teil null ist.

Es giebt deren n verschiedene.

Die Functionen der zweiten Art sind diejenigen, für welche der noch hinzutretende Teil rein algebraisch ist.

Es giebt deren n verschiedene.

Man kann annehmen, dass die Differentiale der übrigen Functionen nur für einen einzigen Wert $x = a$ unendlich werden und dass ihr logarithmischer Teil sich auf einen einzigen Logarithmus, $\log P$, wo P eine algebraische Grösse ist, reduciert. Bezeichnet man diese Function mit $\Pi(x, a)$, so hat man den Satz:

$$\Pi(x, a) - \Pi(a, x) = \Sigma\varphi(a)\psi(x),$$

wo $\varphi(a)$ und $\psi(x)$ Functionen erster und zweiter Art sind.

Hieraus leitet man her, wenn man $\Pi(a)$ und ψ die auf einen Umlauf von x bezüglichen Perioden von $\Pi(x, a)$ und $\psi(x)$ nennt:

$$\Pi(a) = \Sigma\psi \cdot \varphi(a);$$

somit drücken sich die Perioden der Functionen dritter Art stets durch Functionen erster und zweiter Art aus.

Man kann daraus auch Sätze herleiten, welche dem Legendre'schen Satze

$$FE' + EF' - FF' = \frac{\pi}{2}$$

analog sind.

Die Reduction der Functionen dritter Art auf bestimmte Integrale, welches die schönste Entdeckung Jacobi's ist, ist nicht durchführbar, ausser in dem Falle der elliptischen Functionen.

Die Multiplikation der elliptischen Functionen mit einer ganzen Zahl ist, wie die Addition, stets möglich mit Hülfe einer Gleichung n^{ten} Grades, deren Wurzeln die Werte sind, welche man in das Integral zu substituieren hat, um die reducierten Glieder zu erhalten.

Die Gleichung, welche die Teilung der Perioden in p gleiche Teile giebt, ist vom Grade $p^{2n}-1$; ihre Gruppe hat im Ganzen

$$(p^{2n}-1)\,(p^{2n}-p)\,\ldots.\,(p^{2n}-p^{2n-1})$$

Permutationen.

Die Gleichung, welche die Teilung einer Summe von n Gliedern in p gleiche Teile giebt, ist vom Grade p^{2n}; sie ist durch Wurzelgrössen lösbar.

Von der Transformation. Man kann zunächst durch eine Schlussreihe, analog derjenigen, welche Abel in seiner letzten Abhandlung angegeben hat, beweisen, dass es, wenn man in einer und derselben Relation zwischen Integralen die beiden Functionen

$$\int \Phi(x, X)\,dx, \quad \int \Psi(y, Y)\,dy$$

hat, wo das letzte Integral $2n$ Perioden besitzt, gestattet ist anzunehmen, dass sich y und Y vermittelst einer einzigen Gleichung n^{ten} Grades als Function von x und X ausdrücken lassen.

Hiernach kann man annehmen, dass die Transformationen stets nur zwischen zwei Integralen stattfinden, da man offenbar, wenn man irgend eine rationale Function von y und Y nimmt, die Gleichung hat:

$$\Sigma \int f(y, Y)\,dy = \int F(x, X)\,dx + \text{einer algebr. und logarithm. Grösse.}$$

Diese Gleichung würde augenscheinliche Vereinfachungen in dem Falle erfahren, wo die Integrale auf der einen und der andern Seite nicht alle beide dieselbe Anzahl von Perioden hätten.

Man kann beweisen, dass der kleinste Grad der Irrationalität zweier solchen Integrale nicht für das eine grösser sein kann wie für das andere.

Man wird sodann zeigen, dass man stets ein gegebenes Integral in ein anderes transformieren kann, in welchem eine Periode des ersten durch die Primzahl p geteilt ist und die andern $2n-1$ dieselben bleiben.

Man wird also nur noch Integrale zu vergleichen haben, in welchen die Perioden beiderseits dieselben und die folglich so beschaffen sind, dass sich n Glieder des einen ohne eine andere Gleichung als eine einzige Gleichung n^{ten} Grades mittelst derjenigen des andern darstellen lassen und umgekehrt. Hierüber weiss ich nichts.

Du weisst, mein lieber Freund, dass diese Gegenstände nicht die einzigen sind, die ich durchforscht habe. Meine Gedanken waren seit einiger Zeit hauptsächlich auf die Anwendung der Theorie der Mehrdeutigkeit *(ambiguité)* auf die transcendente Analysis gerichtet. Es handelte sich darum, a priori zu erkennen, welche Veränderungen man in einer Relation zwischen Grössen oder transcendenten Functionen machen, welche Grössen man an Stelle der gegebenen Grössen substituieren könnte, ohne dass die Relation aufhörte zu bestehen. Dies lässt sogleich die Unmöglichkeit vieler Ausdrücke, die man suchen könnte, erkennen. Indessen habe ich keine Zeit, und meine Ideeen sind auf diesem Gebiete, welches ungeheuer gross ist, noch nicht durchgebildet genug.

Ich bitte Dich, diesen Brief in die *Revue encyclopédique* einsetzen zu lassen.

Es ist mir häufig in meinem Leben geglückt, Sätze im Voraus zu verkünden, von denen ich noch keine Gewissheit hatte, aber alles, was ich hier geschrieben habe, ist seit bald einem Jahr in meinem Kopfe, und es liegt zu sehr in meinem Interesse, mich nicht zu irren, damit man mich nicht verdächtigt, Sätze ausgesprochen zu haben, für welche ich nicht den vollständigen Beweis besessen hätte.

Bitte öffentlich Jacobi oder Gauss, ihr Urteil abzugeben nicht über die Richtigkeit, sondern über die Wichtigkeit der Sätze.

Darnach wird es, hoffe ich, Leute geben, welche ihren Nutzen finden werden, wenn sie sich bemühen, alle diese Hieroglyphen zu entziffern.

Ich umarme Dich herzlichst

Am 29. Mai 1832.

E. Galois.

Bemerkung von Liouville.

Beim Einsetzen des soeben gelesenen Briefes in ihre Zeitschrift*) kündeten die Herausgeber der *Revue encyclopédique* an, dass sie demnächst die hinterlassenen Manuskripte Galois's veröffentlichen würden. Dieses Versprechen ist aber nicht gehalten worden. Auguste Chevalier hatte indessen die Arbeit vorbereitet, er hat sie mir überlassen und die folgenden Blätter werden enthalten:

1. eine vollständige Abhandlung über die Bedingung der Auflösbarkeit der Gleichungen durch Wurzelgrössen nebst der Anwendung auf die Gleichungen, deren Grad eine Primzahl ist;
2. ein Bruchstück einer zweiten Abhandlung, in welchem Galois die allgemeine Theorie der Gleichungen, die er primitive nennt, behandelt.

*) Wir haben bereits erwähnt, dass in derselben Nummer (Seite 774) eine nekrologische Notiz über Galois erschienen ist.

Wir haben den grössten Teil der Anmerkungen, welche Auguste Chevalier den soeben erwähnten Abhandlungen hinzugefügt hatte, beibehalten. Diese Anmerkungen sind sämtlich mit den Initialen A. Ch. unterzeichnet. Die nicht weiter unterzeichneten Anmerkungen sind von Galois selbst.

Wir werden diese Publikation durch einige andere Bruchstücke vervollständigen, welche den Papieren Galois's entnommen sind und die, ohne grosse Wichtigkeit zu haben, doch noch mit Interesse von den Geometern gelesen werden können.

Abhandlung über die Bedingung der Auflösbarkeit der Gleichungen durch Wurzelgrössen.

Die angefügte Abhandlung*) ist ein Auszug aus einer Arbeit, die ich vor einem Jahre die Ehre hatte, der Akademie zu überreichen. Da diese Arbeit nicht verstanden worden ist, die Sätze, welche sie enthielt, in Zweifel gezogen wurden, habe ich mich begnügen müssen, in synthetischer Form die allgemeinen Prinzipien und eine einzige Anwendung meiner Theorie zu geben. Ich bitte meine Richter, wenigstens diese paar Seiten mit Aufmerksamkeit zu lesen.

Man wird hier eine allgemeine Bedingung finden, welcher jede durch Wurzelgrössen auflösbare Gleichung genügt, und welche umgekehrt über ihre Auflösbarkeit Gewissheit giebt. Die Anwendung derselben wird nur auf die Gleichungen, deren Grad eine Primzahl ist, gemacht. Nachstehend gebe ich den Satz an, der durch meine Untersuchung geliefert wird.

„Damit eine Gleichung von einem Primzahlgrade, welche keine commensurablen Teiler hat, durch Wurzelgrössen lösbar sei, ist notwendig und hinreichend, dass sämtliche Wurzeln rationale Functionen irgend zweier von ihnen seien."

Die andern Anwendungen der Theorie sind selbst eben so viele besondere Theorien; sie erfordern übrigens die Anwendung der Zahlentheorie und eines speciellen Algorithmus. Wir behalten sie uns für eine andere Gelegenheit vor; sie beziehen sich zum Teil auf die Modulargleichungen der Theorie der elliptischen Functionen, von denen wir beweisen, dass sie sich nicht durch Wurzelgrössen auflösen lassen.

16. Januar 1831.

E. Galois.

---

*) Ich habe es für gut gehalten, an die Spitze dieser Abhandlung die nachstehende Vorrede zu setzen, obwohl ich sie im Manuskript durchstrichen fand.

A. Ch.

Prinzipien.

Ich werde zunächst einige Definitionen und eine Reihe von Hülfssätzen aufstellen, die sämtlich bekannt sind.

Definitionen. Eine Gleichung wird reductibel genannt, wenn sie rationale Teiler besitzt, irreductibel im entgegengesetzten Falle.

Man muss hier erklären, was man unter dem Worte „rationaler Teiler" zu verstehen habe, da es sehr häufig gebraucht werden wird.

Wenn die Gleichung nur lauter numerische und rationale Coefficienten hat, so will jenes einfach sagen, dass die Gleichung sich in Factoren zerlegen lässt, deren Coefficienten numerisch und rational sind.

Wenn aber die Coefficienten einer Gleichung nicht alle numerisch und rational sind, so muss man unter einem rationalen Teiler einen Teiler verstehen, dessen Coefficienten sich als rationale Functionen der Coefficienten der gegebenen Gleichung ausdrücken würden, und allgemein unter einer rationalen Grösse eine Grösse, welche sich als rationale Function der Coefficienten der gegebenen Gleichung darstellt.

Man muss noch weiter gehen. Man kann festsetzen, dass man als rationale Function jede rationale Function einer gewissen Anzahl von gegebenen Grössen, die von vornherein als bekannt vorausgesetzt werden, betrachten solle. Z. B. kann man eine gewisse Wurzel aus einer ganzen Zahl wählen und als rational jede rationale Function dieser Wurzelgrösse betrachten.

Sobald wir festsetzen, dass wir gewisse Grössen in dieser Weise als bekannt ansehen wollen, so werden wir sagen: Wir adjungieren sie der Gleichung, welche aufgelöst werden soll. Wir werden diese Grössen der Gleichung adjungiert nennen.

Dies vorausgesetzt, werden wir rational jede Grösse nennen, welche sich als rationale Function der Coefficienten der Gleichung und einer gewissen Anzahl von Grössen darstellt, welche der Gleichung adjungiert und nach Belieben angenommen sind.

Bedienen wir uns gewisser Hülfsgleichungen, so werden sie rational genannt werden, wenn ihre Coefficienten in unserm Sinne rational sind.

Man sieht ferner, dass die Eigenschaften und Schwierigkeiten, welche eine Gleichung darbietet, vollständig verschieden sein können je nach den Grössen, welche ihr adjungiert sind. Z. B. kann die Adjunction einer Grösse eine irreductible Gleichung reductibel machen.

Wenn man z. B. der Gleichung

$$\frac{x^n - 1}{x - 1} = 0,$$

wo n eine Primzahl ist, eine Wurzel einer der Gauss'schen Hülfsgleichungen adjungiert, so zerlegt sich diese Gleichung in Factoren und wird infolge dessen reductibel.

Die Substitutionen vermitteln den Übergang von einer Permutation zu einer andern.

Die Permutation, von welcher man ausgeht, um die Substitutionen anzudeuten, ist ganz willkürlich, wenn es sich um Functionen handelt; denn es giebt keinen Grund dafür, dass bei einer Function von mehreren Buchstaben einem Buchstaben ein Vorzug vor einem andern zustehen sollte.

Da man sich indessen kaum eine Vorstellung von einer Substitution machen kann, ohne die einer Permutation zu haben, so werden wir uns im sprachlichen Ausdruck häufig der Permutationen bedienen und die Substitutionen nur als den Übergang von einer Permutation zu einer andern betrachten.

Sobald wir die Substitutionen in Gruppen einteilen wollen, werden wir sie alle aus einer und derselben Permutation hervorgehen lassen.

Da es sich stets um Untersuchungen handelt, bei denen die ursprüngliche Stellung der Buchstaben durchaus keinen Einfluss auf die betrachteten Gruppen hat, so wird man dieselben Substitutionen haben müssen, welches auch die Permutation sein möge, von der man ausgegangen ist. So ist man z. B., wenn man in einer solchen Gruppe die Substitutionen S und T hat, sicher, auch die Substitution ST zu haben.

Dies sind die Definitionen, an die wir glaubten erinnern zu müssen.

Hülfssatz I. Eine irreductible Gleichung kann mit einer rationalen Gleichung keine gemeinschaftliche Wurzel haben, ohne ein Teiler von ihr zu sein.

Denn der grösste gemeinschaftliche Teiler zwischen der irreductiblen Gleichung und der andern Gleichung wird ebenfalls rational sein; mithin u. s. w.

Hülfssatz II. Ist irgend eine Gleichung gegeben, welche keine gleichen Wurzeln hat und deren Wurzeln $a, b, c, \ldots$ sind, so kann man immer eine Function V der Wurzeln von der Beschaffenheit bilden, dass von den Werten, welche man erhält, wenn man in dieser Function die Wurzeln auf alle Weisen permutiert, keine zwei einander gleich sind.

Z. B. kann man nehmen:

$$V = Aa + Bb + Cc + \cdots,$$

wo $A, B, C, \ldots$ passend gewählte ganze Zahlen sind.

Hülfssatz III. Ist die Function so, wie im vorigen Hülfssatz angegeben, gewählt, so besitzt sie die Eigenschaft, dass alle Wurzeln der gegebenen Gleichung sich als rationale Functionen von V ausdrücken.

Es sei nämlich

$$V = \varphi(a, b, c, d, \ldots), \quad \text{oder vielmehr}$$
$$V - \varphi(a, b, c, d, \ldots) = 0.$$

Multipliciert man mit einander sämtliche analogen Gleichungen, welche man erhält, indem man in dieser sämtliche Buchstaben permutiert, während allein der erste fest bleibt, so ergiebt sich ein Ausdruck von folgender Form:

$$[V - \varphi(a, b, c, d, \ldots)]\,[V - \varphi(a, c, b, d, \ldots)]\,[V - \varphi(a, b, d, c, \ldots)] \ldots,$$

welcher symmetrisch ist in $b, c, d, \ldots$ und der sich infolge dessen schreiben lässt als Function von a. Wir werden demnach eine Gleichung erhalten von der Form:

$$F(V, a) = 0.$$

Ich behaupte nun, dass man daraus den Wert von a herleiten kann. Man braucht dazu nur die gemeinschaftliche Lösung dieser und der gegebenen Gleichung zu suchen. Diese Lösung ist die einzige gemeinschaftliche, denn man kann z. B. nicht haben:

$$F(V, b) = 0,$$

wo diese Gleichung einen gemeinschaftlichen Factor mit der analogen Gleichung hat, sonst würde die eine der Functionen $\varphi(a, \ldots)$ gleich sein einer der Functionen $\varphi(b, \ldots)$, was der Voraussetzung widerspricht.

Es folgt hieraus, dass a sich als rationale Function von V darstellt, und dasselbe gilt von den übrigen Wurzeln.

Dieser Satz*) ist ohne Beweis von Abel in der nachgelassenen Abhandlung über die elliptischen Functionen angegeben worden.

Hülfssatz IV. Wir nehmen an, dass man die Gleichung in V gebildet und einen ihrer irreductiblen Factoren genommen habe, so dass also V Wurzel einer irreductiblen Gleichung ist. Sind dann $V, V', V'', \ldots$ die Wurzeln dieser irreductiblen Gleichung und ist $a = f(V)$ eine der Wurzeln der gegebenen Gleichung, so ist $b = f(V')$ ebenfalls eine Wurzel der gegebenen Gleichung.

Multiplicieren wir nämlich mit einander sämtliche Factoren von der Form $V - \varphi(a, b, c, \ldots, d)$, welche man erhält, wenn man mit allen Buchstaben sämtliche Vertauschungen vorgenommen hat, so ergiebt sich eine rationale Gleichung in V, welche notwendig durch die in Frage

*) Es ist bemerkenswert, dass man aus diesem Satze folgern kann, dass jede Gleichung von einer Hülfsgleichung von solcher Beschaffenheit abhängt, dass sämtliche Wurzeln der neuen Gleichung rationale Functionen von einander sind; denn die Hülfsgleichung in V ist in diesem Falle. Überdies ist diese Bemerkung höchst interessant. Eine Gleichung nämlich, welche diese Eigenschaft hat, ist im Allgemeinen nicht leichter aufzulösen als eine andere.

stehende Gleichung teilbar sein muss; mithin muss V' erhalten werden durch die Vertauschung der Buchstaben in V. Es sei $F(V, a) = 0$ diejenige Gleichung, welche man erhält, wenn man in V sämtliche Buchstaben mit Ausnahme des ersten permutiert. Man wird also haben $F(V', b) = 0$, wo b gleich a sein kann, sicher aber eine der Wurzeln der gegebenen Gleichung ist. Folglich wird, ebenso wie aus der gegebenen und der Gleichung $F(V, a) = 0$ die Gleichung $a = f(V)$ sich ergeben hat, sich auch aus der gegebenen in Verbindung mit der Gleichung $F(V', b) = 0$ die folgende ergeben: $b = f(V')$.

Lehrsatz I.

Satz. Ist eine Gleichung gegeben, deren m Wurzeln $a, b, c, \ldots$ sind, so giebt es immer eine Gruppe von Permutationen der Buchstaben $a, b, c, \ldots$, welche folgende Eigenschaften besitzt:

1. dass jede Function der Wurzeln, welche durch die Substitutionen dieser Gruppe keine Aenderung erleidet*), rational bekannt ist.

2. dass umgekehrt jede Function der Wurzeln, welche rational bestimmbar ist, durch die Substitutionen keine Änderung erleidet.

(Im Falle der algebraischen Gleichungen ist diese Gruppe nichts anderes als der Complex der $1 \cdot 2 \cdot 3 \cdots m$ möglichen Permutationen der m Buchstaben, da in diesem Falle die symmetrischen Functionen allein rational bestimmbar sind.)

(Im Falle der Gleichung $\frac{x^n - 1}{x - 1} = 0$ ist, wenn man $a = r$, $b = r^g$, $c = r^{g^2}$, ... setzt, wo g eine primitive Wurzel ist, die Permutationsgruppe einfach die folgende:

$$\begin{array}{l} a\,b\,c\,d \ldots . k \\ b\,c\,d \ldots . k\,a \\ c\,d \ldots . k\,a\,b \\ . \quad . \quad . \quad . \quad . \\ k\,a\,b\,c \ldots . i. \end{array}$$

In diesem besonderen Falle ist die Anzahl der Permutationen gleich dem Grade der Gleichung, und ebendies würde stattfinden bei denjenigen

*) Wir nennen hier eine Function unveränderlich, nicht nur wenn ihre Form sich durch die Substitutionen der Wurzeln unter einander nicht ändert, sondern auch wenn ihr numerischer Wert sich nicht ändern würde. Wenn z. B. $F(x) = 0$ eine Gleichung ist, so ist $F(x)$ eine Function der Wurzeln, welche durch keine Permutation derselben eine Änderung erleidet.

Wenn wir sagen, dass eine Function rational bekannt ist, so soll das heissen: Ihr numerischer Wert ist ausdrückbar als rationale Function der Coefficienten der Gleichung und der adjungierten Grössen.

Gleichungen, deren sämtliche Wurzeln rationale Functionen von einander wären.)

Beweis. Welches auch die gegebene Gleichung sein möge, man kann immer eine rationale Function V der Wurzeln von solcher Beschaffenheit finden, dass sämtliche Wurzeln rationale Functionen von V sind. Dies vorausgesetzt, betrachten wir die irreductible Gleichung, deren Wurzel V ist (Hülfssatz III und IV). Es seien $V, V', V'', \ldots, V^{(n-1)}$ die Wurzeln dieser Gleichung.

Sind

$$\varphi(V),\ \varphi_1(V),\ \varphi_2(V),\ \ldots,\ \varphi_{m-1}(V)$$

die Wurzeln der gegebenen Gleichung und schreiben wir die n folgenden Permutationen der Wurzeln hin:

$$\begin{array}{l|lllll}
(V) & \varphi(V), & \varphi_1(V), & \varphi_2(V), & \ldots, & \varphi_{m-1}(V) \\
(V') & \varphi(V'), & \varphi_1(V'), & \varphi_2(V'), & \ldots, & \varphi_{m-1}(V') \\
(V'') & \varphi(V''), & \varphi_1(V''), & \varphi_2(V''), & \ldots, & \varphi_{m-1}(V'') \\
\ldots & \ldots & \ldots & \ldots & \ldots & \ldots \\
(V^{(n-1)}) & \varphi(V^{(n-1)}), & \varphi_1(V^{(n-1)}), & \varphi_2(V^{(n-1)}), & \ldots, & \varphi_{m-1}(V^{(n-1)}),
\end{array}$$

so behaupten wir, dass diese Permutationsgruppe die ausgesprochenen Eigenschaften besitzt.

1. Jede Function F der Wurzeln nämlich, welche durch die Substitutionen dieser Gruppe keine Änderung erleidet, kann in folgender Weise geschrieben werden:

$$F = \psi(V),$$

und man hat:

$$\psi(V) = \psi(V') = \psi(V'') = \cdots = \psi(V^{(n-1)}).$$

Der Wert von F lässt sich also rational bestimmen.

2. Wenn umgekehrt eine Function F rational bestimmbar ist und man setzt $F = \psi(V)$, so muss man haben:

$$\psi(V) = \psi(V') = \psi(V'') = \cdots = \psi(V^{(n-1)}),$$

da die Gleichung in V keinen commensurablen Teiler hat und V der Gleichung $F = \psi(V)$ genügt, wo F eine rationale Grösse ist. Mithin kann die Function F durch die Substitutionen der oben hingeschriebenen Gruppe schlechterdings keine Änderung erleiden.

Demnach besitzt diese Gruppe die doppelte Eigenschaft, von welcher im vorangestellten Satze die Rede ist. Der Satz ist also bewiesen.

Anmerkung I. Es ist klar, dass bei der Permutationsgruppe, um die es sich hier handelt, die Stellung der Buchstaben nicht in Betracht kommt, sondern nur die Substitution der Buchstaben, durch welche man von einer Permutation zu einer andern übergeht.

Somit kann man willkürlich die erste Permutation annehmen, vorausgesetzt, dass die andern Permutationen stets durch dieselbe Substitution von Buchstaben hergeleitet werden. Die neue auf diese Weise gebildete Gruppe wird augenscheinlich dieselben Eigenschaften besitzen wie die erste, da es sich in dem vorstehenden Satze nur um die Substitutionen handelt, welche man in den Functionen machen kann.

Anmerkung II. Die Substitutionen sind auch unabhängig von der Anzahl der Wurzeln.

Lehrsatz II.

Satz*). Wenn man einer gegebenen Gleichung die Wurzel r einer irreductiblen Gleichung adjungiert, so wird 1. von zwei Dingen das eine eintreten: Entweder wird die Gruppe der Gleichung nicht geändert, oder sie teilt sich in p Gruppen, von denen jede respective zur gegebenen Gleichung gehört, wenn man ihr jede der Wurzeln der Hülfsgleichung adjungiert; 2. werden diese Gruppen die bemerkenswerte Eigenschaft besitzen, dass die eine in die andere übergeht, wenn man auf alle Permutationen der ersten eine und dieselbe Substitution der Buchstaben anwendet.

1. Wenn nach der Adjunction von r die Gleichung in V, von welcher oben die Rede war, irreductibel bleibt, so ist klar, dass die Gruppe der Gleichung keine Änderung erleidet. Wenn sie dagegen reductibel wird, so wird sie in p Factoren zerfallen, welche alle von demselben Grade und derselben Form sind, also:

$$f(V, r) \cdot f(V, r') \cdot f(V, r'') \ldots ,$$

wo $r, r', r'', \ldots$ andere Werte von r sind. Somit wird die Gruppe der gegebenen Gleichung ebenfalls in Gruppen zerfallen, deren jede dieselbe Anzahl von Permutationen enthält, da jedem Werte von V eine Permutation entspricht. Diese Gruppen werden bezüglich diejenige der gegebenen Gleichung sein, wenn man ihr der Reihe nach $r, r', r'', \ldots$ adjungiert.

2. Wir haben oben gesehen, dass alle Werte von V rationale Functionen von einander werden. Demgemäss nehmen wir an, dass, wenn V eine Wurzel von $f(V, r) = 0$ ist, $F(V)$ eine andere Wurzel sei. Es ist klar, dass ebenso,

---

*) In dem Ausspruch des Satzes hatte Galois nach den Worten „die Wurzel r einer irreductiblen Gleichung“ zunächst die folgenden gebraucht: „vom Primzahlgrade p“, die er später gestrichen hat. Ferner stand in dem Beweise an Stelle der Worte „wo $r, r', r'', \ldots$ andere Werte von r sind“ in der ursprünglichen Fassung: „wo $r, r', r'', \ldots$ die verschiedenen Werte von r sind“. Endlich findet sich am Rande des Manuskripts die folgende Bemerkung des Verfassers: „Dieser Beweis bedarf einer Vervollkommnung. Ich habe keine Zeit.“

Diese Worte sind mit grosser Hast aufs Papier geworfen, was mich in Verbindung mit den Worten „Ich habe keine Zeit“ zu dem Glauben verleitet, dass Galois seine Abhandlung behufs einer Correctur nochmals durchgesehen, kurz bevor er sich seinem Gegner stellte. A. Ch.

wenn V' eine Wurzel von $f(V, r') = 0$ ist, $F(V')$ eine andere ist; denn man hat:

$$f[F(V), r] = \text{einer Function teilbar durch } f(V, r),$$

mithin (Hülfssatz I):

$$f[F(V'), r'] = \text{einer Function teilbar durch } f(V', r').$$

Dies vorausgeschickt behaupte ich, dass man die auf r' bezügliche Gruppe erhält, wenn man überall in der auf r bezüglichen Gruppe eine und dieselbe Substitution von Buchstaben ausführt.

In der That, wenn man z. B. hat

$$\varphi_\mu\big(F(v)\big) = \varphi_\nu(v),$$

so wird auch (Hülfssatz I) sein:

$$\varphi_\mu\big(F(v')\big) = \varphi_\nu(v').$$

Mithin muss man, um von der Permutation $[F(v)]$ zur Permutation $[F(v')]$ überzugehen, dieselbe Substitution machen, wie wenn man von der Permutation (v) zur Permutation (v') übergehen will.

Der Satz ist also bewiesen.

Lehrsatz III.

Satz. Wenn man einer Gleichung sämtliche Wurzeln einer Hülfsgleichung adjungiert, so besitzen die Gruppen, von denen im Lehrsatz II die Rede war, überdies die Eigenschaft, dass die Substitutionen in jeder Gruppe dieselben sind.

Den Beweis wird man selbst finden*).

---

*) Im Manuskript befindet sich der eben ausgesprochene Satz am Rande und soll derselbe einen anderen ersetzen, den Galois nebst seinem Beweise unter derselben Überschrift niedergeschrieben hatte. Folgendes ist der ursprüngliche Text. Satz: „Wenn die Gleichung in r von der Form $r^p = A$ ist und die p^{ten} Wurzeln der Einheit sich unter den zuvor adjungierten Grössen befinden, so besitzen die p Gruppen, von denen im Satze II die Rede ist, die Eigenschaft, dass die Substitutionen der Buchstaben, durch welche man in jeder Gruppe von einer Permutation zur andern übergeht, dieselben sind für alle Gruppen.“ In diesem Falle ist es nämlich einerlei, ob man der Gleichung den oder jenen Wert von r adjungiert. Es müssen also nach der Adjunction dieses oder jenes Wertes ihre Eigenschaften dieselben sein. Mithin müssen die Gruppen hinsichtlich der Substitutionen identisch sein. (Lehrsatz I, Anmerk.) Demnach u. s. w.

Alles dieses ist sorgfältig durchstrichen. Der neue Satz trägt das Datum: 1832 und beweist durch die Art, wie er geschrieben ist, dass es der Verfasser äusserst eilig hatte, was die Behauptung bestätigt, die ich in der vorhergehenden Anmerkung ausgesprochen. A. Ch.

Lehrsatz IV.

Satz. Wenn man einer Gleichung den numerischen Wert einer gewissen Function ihrer Wurzeln adjungiert, so erniedrigt sich die Gruppe der Gleichung derart, dass sie keine andern Substitutionen mehr besitzt als diejenigen, durch welche jene Function keine Änderung erleidet.

Nach dem Lehrsatz I kann nämlich keine bekannte Function durch die Permutationen der Gruppe der Gleichung eine Änderung erleiden.

Lehrsatz V.

Problem. In welchem Falle ist eine Gleichung durch einfache Wurzelgrössen lösbar?

Ich bemerke zunächst, dass man, um eine Gleichung aufzulösen, nach und nach ihre Gruppe erniedrigen muss, bis sie nur noch eine einzige Permutation enthält. Denn wenn eine Gleichung gelöst ist, so ist eine beliebige Function ihrer Wurzeln bekannt, selbst wenn dieselbe durch keine Permutation ungeändert gelassen wird.

Dies vorausgeschickt, untersuchen wir, welcher Bedingung die Gruppe einer Gleichung genügen muss, damit sie sich in dieser Weise durch die Adjunction von Wurzelgrössen erniedrigen lasse.

Verfolgen wir den Gang der in dieser Lösung möglichen Operationen, indem wir die Ausziehung jeder Wurzel ersten Grades als besondere Operation ansehen.

Adjungieren wir der Gleichung die erste bei der Lösung ausgezogene Wurzel, so können zwei Fälle eintreten: Entweder wird durch die Adjunction dieser Wurzelgrösse die Permutationsgruppe der Gleichung verkleinert werden, oder es wird, wenn diese Wurzelausziehung nur eine einfache Vorbereitung ist, die Gruppe dieselbe bleiben.

Immer muss aber der Fall eintreten, dass nach einer gewissen endlichen Anzahl von Wurzelausziehungen die Gruppe der Gleichung kleiner geworden ist, da sonst die Gleichung nicht lösbar sein würde.

Hätten wir, bei diesem Punkte angelangt, mehrere Wege, die Gruppe der gegebenen Gleichung zu verkleinern, so würde man für das Folgende von allen einfachen Wurzelgrössen, die so beschaffen sind, dass die Kenntnis einer jeden derselben die Gruppe der Gleichung verkleinert, nur eine Wurzelgrösse von dem kleinstmöglichen Grade zu betrachten haben.

Es sei daher p die Primzahl, welchen diesen kleinsten Grad darstellt, so dass durch Ausziehung einer Wurzel vom Grade p die Gruppe der Gleichung verkleinert wird.

Wir können immer voraussetzen, wenigstens insoweit die Gruppe der Gleichung in Betracht kommt, dass sich unter den der Gleichung vorher adjungierten Grössen eine p^{te} Wurzel der Einheit befindet, α. Denn da dieser Ausdruck durch Ausziehung von Wurzeln von niedrigerem Grade als p erhalten wird, so wird durch seine Kenntnis die Gruppe der Gleichung in nichts geändert.

Mithin wird den Sätzen II und III zufolge die Gruppe der Gleichung sich in p Gruppen zerlegen müssen, die in Bezug auf einander die doppelte Eigenschaft besitzen, 1. dass man von der einen zur andern durch eine und dieselbe Substitution übergehen kann, 2. dass alle dieselben Substitutionen enthalten.

Ich behaupte umgekehrt, dass man, wenn die Gruppe der Gleichung sich in p Gruppen zerlegen kann, welche diese doppelte Eigenschaft besitzen, durch eine einfache Ausziehung einer p^{ten} Wurzel und durch die Adjunction dieser p^{ten} Wurzel die Gruppe der Gleichung auf eine dieser Partialgruppen reducieren kann.

Wir nehmen nämlich eine Function der Wurzeln, die durch keine der Substitutionen der einen der Partialgruppen eine Änderung erleidet, dagegen sich ändert durch jede andere Substitution. (Es reicht hierzu aus, eine symmetrische Function der verschiedenen Werte zu nehmen, welche eine Function, die durch jede Substitution geändert wird, für alle Permutationen der einen von den Partialgruppen annimmt.)

Es sei ϑ diese Function der Wurzeln.

Wenden wir auf die Function ϑ eine der Substitutionen der Totalgruppe an, welche sie nicht mit den Partialgruppen gemeinschaftlich hat, so sei ϑ_1 das Resultat. Wenden wir auf die Function ϑ_1 dieselbe Substitution an, so sei ϑ_2 das Resultat u. s. w.

Da p eine Primzahl ist, so kann diese Reihe erst aufhören bei dem Gliede ϑ_{p-1}; nach diesem erhält man $\vartheta_p = \vartheta$, $\vartheta_{p+1} = \vartheta_1$ u. s. w.

Dies vorausgeschickt, ist klar, dass die Function

$$(\vartheta + \alpha\vartheta_1 + \alpha^2\vartheta_2 + \cdots + \alpha^{p-1}\vartheta_{p-1})^p$$

durch keine Permutation der Gesamtgruppe eine Änderung erleidet und daher gegenwärtig bekannt ist.

Wenn man die p^{te} Wurzel aus dieser Function zieht und dieselbe der Gleichung adjungiert, so wird dem Lehrsatz IV zufolge die Gruppe der Gleichung keine andern Substitutionen mehr enthalten als diejenigen der Teilgruppen.

Damit also die Gruppe einer Gleichung sich durch eine einfache Wurzelausziehung erniedrigen lasse, ist die obige Bedingung notwendig und hinreichend.

Wir adjungieren der Gleichung die in Rede stehende Wurzelgrösse. Dann können wir in Bezug auf die neue Gruppe dieselbe Schlussreihe anwenden wie auf die vorige; sie wird sich also selbst wieder auf die vorige Weise zerlegen müssen u. s. w., bis man zu einer gewissen Gruppe kommt, die nur noch eine einzige Substitution enthält.

Anmerkung. Es ist leicht, diesen Gang bei der bekannten Auflösung der allgemeinen Gleichung vierten Grades wahrzunehmen. Diese Gleichungen werden nämlich aufgelöst mit Hülfe einer Gleichung dritten Grades, welche selbst wieder die Ausziehung einer Quadratwurzel erfordert. In der natürlichen Reihenfolge der Ideeen muss man somit mit der Quadratwurzel anfangen. Adjungiert man der Gleichung vierten Grades diese Quadratwurzel, so zerfällt die Gruppe der Gleichung, welche im Ganzen vierundzwanzig Substitutionen enthält, in zwei, von denen jede nur zwölf enthält. Bezeichnet man mit a, b, c, d die Wurzeln, so ist eine dieser Gruppen die folgende:

$$\begin{array}{lll} abcd, & acdb, & adbc \\ badc, & cabd, & dacb \\ cdab, & dbac, & bcad \\ dcba, & bdca, & cbda. \end{array}$$

Nun teilt sich diese Gruppe selbst wieder in drei Gruppen, wie in den Lehrsätzen II und III angegeben wurde. Somit bleibt nach Ausziehung einer einzigen Wurzel dritten Grades einfach die Gruppe:

$$\begin{array}{l} abcd \\ badc \\ cdab \\ dcba. \end{array}$$

Diese Gruppe teilt sich von neuem in zwei Gruppen

$$\begin{array}{ll} abcd, & cdab \\ badc, & dcba; \end{array}$$

somit bleibt nach einer einfachen Ausziehung einer Quadratwurzel:

$$\begin{array}{l} abcd \\ badc, \end{array}$$

und dies reduciert sich schliesslich auf eine einfache Ausziehung einer Quadratwurzel.

Man erhält auf diese Weise sei es die Lösung von Descartes, sei es diejenige von Euler. Denn obwohl diese letztere nach Auflösung der Hülfsgleichung dritten Grades die Ausziehung von drei Quadratwurzeln erfordert, so weiss man doch, dass zwei genügen, da die dritte sich rational aus diesen herleitet.

Wir wollen jetzt diese Theorie auf die irreductiblen Gleichungen anwenden, deren Grad eine Primzahl ist.

Anwendung auf die irreductiblen Gleichungen, deren Grad eine Primzahl ist.

Lehrsatz VI.

Hülfssatz. Eine irreductible Gleichung, deren Grad eine Primzahl ist, kann nicht reductibel werden durch Adjunction einer Wurzelgrösse, deren Exponent ein anderer ist, als gerade der Grad der Gleichung.

Denn wenn r, r', r'', ... die verschiedenen Werte der Wurzelgrösse sind und $F(x) = 0$ die gegebene Gleichung ist, so müsste sich $F(x)$ zerlegen in das Product der Factoren:

$$f(x, r) \cdot f(x, r') \ldots,$$

die alle von demselben Grade sind, was nicht möglich ist, wofern nicht $f(x, r)$ vom ersten Grade in x ist.

Also kann eine irreductible Gleichung, deren Grad eine Primzahl ist, nicht reductibel werden, wenn sich nicht ihre Gruppe auf eine einzige Permutation reduciert.

Lehrsatz VII.

Problem. Welches ist die Gruppe einer irreductiblen Gleichung von einem Primzahlgrade n, welche durch Wurzelgrössen lösbar ist?

Nach dem vorhergehenden Satze enthält die kleinstmögliche Gruppe vor derjenigen, welche nur eine einzige Permutation enthält, n Permutationen. Nun kann aber eine Permutationsgruppe von n Buchstaben, wo n eine Primzahl ist, sich nicht auf n Permutationen reducieren, wofern nicht die eine dieser Permutationen aus der andern durch eine cyklische (circulaire) Substitution von der Ordnung n hervorgeht (man sehe die Abhandlung von Cauchy, *Journal de l'École Polytechnique*, XVII. Heft). Somit wird die vorletzte Gruppe der Gleichung sein:

$$(G)\quad \begin{array}{lllllll} x_0, & x_1, & x_2, & x_3, \ldots, & x_{n-3}, & x_{n-2}, & x_{n-1} \\ x_1, & x_2, & x_3, & x_4, \ldots, & x_{n-2}, & x_{n-1}, & x_0 \\ x_2, & x_3, & \ldots & \ldots, & x_{n-1}, & x_0, & x_1 \\ \cdot & \cdot & \cdot & \cdot & \cdot & \cdot & \cdot \\ x_{n-1}, & x_0, & x_1, & \ldots, & x_{n-4}, & x_{n-3}, & x_{n-2}, \end{array}$$

wo $x_0, x_1, x_2, \ldots, x_{n-1}$ die Wurzeln sind.

Nun muss sich die Gruppe, welche dieser in der Reihenfolge der Zerlegungen unmittelbar vorhergeht, aus einer gewissen Anzahl von Gruppen zusammensetzen, welche alle dieselben Substitutionen haben wie diese. Ich bemerke, dass diese Substitutionen folgendermassen sich darstellen lassen: (Lassen wir allgemein $x_n = x_0$, $x_{n+1} = x_1$, ... sein, so ist klar, dass jede Substitution der Gruppe (G) erhalten wird, indem man überall an die Stelle von x_k: x_{k+c} setzt, wo c eine Constante ist.)

Wir wollen irgend eine der Gruppen betrachten, welche der Gruppe (G) ähnlich sind.

Nach dem Satze II muss sie erhalten werden, indem man überall in dieser Gruppe eine und dieselbe Substitution ausführt, etwa indem man überall in der Gruppe (G) $x_{f(k)}$ an die Stelle von x_k setzt, wo $f(k)$ eine gewisse Function ist.

Da die Substitutionen dieser neuen Gruppe dieselben sein müssen, wie diejenigen der Gruppe (G), so muss man haben:

$$f(k+c) = f(k) + C,$$

wo C unabhängig von k ist. Mithin:

$$\begin{aligned} f(k+2c) &= f(k) + 2C \\ &\ldots\ldots\ldots \\ f(k+mc) &= f(k) + mC. \end{aligned}$$

Ist $c=1$, $k=0$, so findet man:

$$f(m) = am + b,$$

oder

$$f(k) = ak + b,$$

wo a und b Constanten sind.

Mithin darf die Gruppe, welche der Gruppe (G) unmittelbar vorhergeht, nur Substitutionen enthalten von der Form wie

$$x_k, \quad x_{ak+b},$$

und wird dieselbe infolge dessen keine andern cyklischen Substitutionen enthalten als diejenigen der Gruppe (G).

In Bezug auf diese Gruppe kann man nun dieselben Schlüsse ziehen wie in Bezug auf die vorhergehende, und es folgt somit, dass die erste Gruppe in der Reihenfolge der Zerlegungen, d. h. die wirkliche Gruppe der Gleichung nur Substitutionen von der Form

$$x_k, \quad x_{ak+b}$$

enthalten kann.

„Wenn also eine irreductible Gleichung, deren Grad eine Primzahl ist, durch Wurzelgrössen lösbar ist, so kann die Gruppe dieser Gleichung nur Substitutionen von der Form

$$x_k, \quad x_{ak+b}$$

enthalten, wo a und b Constanten sind.“

Umgekehrt behaupte ich, dass, wenn diese Bedingung stattfindet, die Gleichung durch Wurzelgrössen lösbar ist.

Betrachten wir nämlich die Functionen

$$\begin{aligned} (x_0 + \alpha x_1 + \alpha^2 x_2 + \cdots + \alpha^{n-1} x_{n-1})^n &= X_1 \\ (x_0 + \alpha x_a + \alpha^2 x_{2a} + \cdots + \alpha^{n-1} x_{(n-1)a})^n &= X_a \\ (x_0 + \alpha x_{a^2} + \alpha^2 x_{2a^2} + \cdots + \alpha^{n-1} x_{(n-1)a^2})^n &= X_{a^2} \\ \ldots\ldots\ldots\ldots\ldots\ldots\ldots\ldots, \end{aligned}$$

wo α eine n^{te} Wurzel der Einheit und a eine primitive Wurzel von n ist, so ist klar, dass jede Function, welche sich durch die cyklischen Substitutionen der Grössen X_1, X_a, X_{a^2}, ... nicht ändert, in diesem Falle unmittelbar bekannt ist. Man kann also X_1, X_a, X_{a^2}, ... nach der Methode von Gauss für die binomischen Gleichungen finden. Mithin u. s. w.

Demnach ist es, damit eine irreductible Gleichung, deren Grad eine Primzahl ist, durch Wurzelgrössen lösbar sei, notwendig und hinreichend, dass jede Function, welche durch die Substitutionen

$$x_k, \quad x_{ak+b}$$

ungeändert bleibt, rational bekannt sei.

Demnach muss die Function

$$(X_1 - X)\,(X_a - X)\,(X_{a^2} - X)\,\ldots.,$$

welches auch X sei, bekannt sein.

Es ist also notwendig und hinreichend, dass die Gleichung, welche diese Function der Wurzeln giebt, eine rationale Wurzel habe, welches auch X sein möge.

Wenn die Coefficienten der gegebenen Gleichung sämtlich rational sind, so werden die der Hülfsgleichung, welche diese Function liefert, ebenfalls rational sein, und man hat nur nachzusehen, ob diese Hülfsgleichung vom Grade $1 \cdot 2 \cdot 3 \cdots (n-2)$ eine rationale Wurzel hat oder nicht, was sich bekanntlich leicht machen lässt.

Dies ist also die Methode, die man in der Praxis anwenden müsste. Wir wollen aber den Satz noch unter einer andern Form darstellen.

Lehrsatz VIII.

Satz. Damit eine irreductible Gleichung, deren Grad eine Primzahl ist, durch Wurzelgrössen lösbar sei, ist es notwendig und hinreichend, dass, wenn irgend zwei ihrer Wurzeln bekannt sind, die andern sich rational daraus herleiten lassen.

Zuvörderst ist es notwendig; denn da die Substitution

$$x_k, \quad x_{ak+b}$$

niemals zwei Buchstaben an demselben Platze lässt, so ist klar, dass, wenn man zwei Wurzeln der Gleichung adjungiert, dem Satze IV zufolge ihre Gruppe sich auf eine einzige Permutation reducieren muss.

Zweitens ist es hinreichend; denn in diesem Falle wird keine Substitution der Gruppe zwei Buchstaben an demselben Platze lassen. Infolge dessen wird die Gruppe höchstens $n(n-1)$ Permutationen enthalten. Mithin enthält sie nur eine einzige cyklische Permutation (denn sonst würde sie wenigstens n^2 Permutationen haben). Folglich muss jede Substitution der Gruppe, x_k, $x_{f(k)}$, der Bedingung genügen:

$$f(k+c) = f(k) + C.$$

Demnach u. s. w.

Der Satz ist also bewiesen.

Beispiel zu Lehrsatz VII.

Es sei $n = 5$. Die Gruppe wird die folgende sein:

$$\begin{array}{c}
a\,b\,c\,d\,e \\
b\,c\,d\,e\,a \\
c\,d\,e\,a\,b \\
d\,e\,a\,b\,c \\
e\,a\,b\,c\,d \\
\hline
a\,c\,e\,b\,d \\
c\,e\,b\,d\,a \\
e\,b\,d\,a\,c \\
b\,d\,a\,c\,e \\
d\,a\,c\,e\,b \\
\hline
a\,e\,d\,c\,b \\
e\,d\,c\,b\,a \\
d\,c\,b\,a\,e \\
c\,b\,a\,e\,d \\
b\,a\,e\,d\,c \\
\hline
a\,d\,b\,e\,c \\
d\,b\,e\,c\,a \\
b\,e\,c\,a\,d \\
e\,c\,a\,d\,b \\
c\,a\,d\,b\,e \\
\hline
\end{array}$$

Fragment einer zweiten Abhandlung.

Über die primitiven Gleichungen, welche durch Wurzelgrössen lösbar sind.

Wir untersuchen allgemein, in welchem Falle eine primitive Gleichung durch Wurzelgrössen lösbar ist. Wir können sogleich ein allgemeines Kennzeichen angeben, welches sich unmittelbar auf den Grad einer solchen Gleichung bezieht. Es ist das folgende:

Damit eine primitive Gleichung durch Wurzelgrössen lösbar sei, muss der Grad derselben von der Form p^ν sein, wo p eine Primzahl ist.

Hieraus folgt unmittelbar, dass, wenn man eine irreductible Gleichung, deren Grad ungleiche Primfactoren besässe, durch Wurzelgrössen aufzulösen hätte, dies nur nach der Methode der Zerlegung, die von Gauss angegeben ist, geschehen könnte. Im andern Falle ist die Gleichung nicht auflösbar.

Um die allgemeine Eigenschaft, die wir soeben in Bezug auf die durch Wurzelgrössen auflösbaren primitiven Gleichungen ausgesprochen haben, zu begründen, kann man annehmen, dass die Gleichung, welche man auflösen will, primitiv sei, aber aufhört es zu sein durch die Adjunction einer einfachen Wurzelgrösse. Mit andern Worten, man kann annehmen, dass, wenn n eine Primzahl ist, die Gruppe der Gleichung in n conjugierte irreductible, aber nicht primitive Gruppen zerfällt. Denn wofern der Grad der Gleichung eine Primzahl ist, wird eine derartige Gruppe immer in der Reihe der Zerlegungen auftreten.

Es sei N der Grad der Gleichung und es werde angenommen, dass diese Gleichung nach Ausziehung einer Wurzel von dem Primzahl-Grade n nicht primitiv werde und mittelst einer einzigen Gleichung vom Grade Q in Q primitive Gleichungen vom Grade P zerlegt werden könne.

Nennen wir G die Gruppe der Gleichung, so wird sich diese Gruppe teilen müssen in n conjugierte nicht primitive Gruppen, in denen sich die Buchstaben zu Systemen anordnen, von denen ein jedes aus P conjungierten Buchstaben *(lettres conjointes)* zusammengesetzt ist.

Untersuchen wir, auf wieviel Arten dies geschehen könne.

Ist H eine der conjugierten nicht primitiven Gruppen, so ist klar, dass in der Gruppe irgend zwei beliebig angenommene Buchstaben an einem gewissen System von P conjungierten Buchstaben und nur an einem einzigen beteiligt sein werden.

Denn zunächst, wenn es zwei Buchstaben gäbe, die nicht an einem und demselben System von P conjungierten Buchstaben beteiligt sein könnten, so würde die Gruppe G, welche so beschaffen ist, dass irgend eine ihrer Substitutionen alle Substitutionen der Gruppe H in einander transformiert, nicht primitiv sein, was der Voraussetzung widerspricht. Wenn ferner zwei Buchstaben an verschiedenen Systemen teilnehmen könnten, so würde daraus folgen, dass die Gruppen, welche den verschiedenen Systemen von P conjungierten Buchstaben entsprechen, nicht primitiv wären, was ebenfalls der Voraussetzung widerspricht.

Dies vorausgeschickt seien

$$\begin{array}{l} a_0, a_1, a_2, \ldots, a_{p-1} \\ b_0, b_1, b_2, \ldots, b_{p-1} \\ c_0, c_1, c_2, \ldots, c_{p-1} \\ \cdot\;\cdot\;\cdot\;\cdot\;\cdot\;\cdot\;\cdot\;\cdot \end{array}$$

die N Buchstaben. Wir nehmen an, dass jede Horizontalreihe ein System von conjungierten Buchstaben darstelle. Es seien

$$a_{0,0}, a_{0,1}, a_{0,2}, \ldots, a_{0,p-1}$$

P conjungierte Buchstaben, welche sämtlich in der ersten Vertikalreihe liegen. Offenbar können wir dieses bewirken, indem wir die Aufeinanderfolge der Horizontalreihen ändern. Es seien ebenso

$$a_{1,0}, a_{1,1}, a_{1,2}, a_{1,3}, \ldots, a_{1,p-1}$$

P conjungierte Buchstaben, welche sämtlich in der zweiten Vertikalreihe liegen, so dass

$$a_{1,0}, a_{1,1}, a_{1,2}, a_{1,3}, \ldots, a_{1,p-1}$$

respective in denselben Horizontalreihen liegen, wie

$$a_{0,0}, a_{0,1}, a_{0,2}, a_{0,3}, \ldots, a_{0,p-1}.$$

Es seien ebenso die Systeme der conjungierten Buchstaben in den andern Vertikalreihen:

$$\begin{array}{l} a_{2,0}, a_{2,1}, a_{2,2}, a_{2,3}, \ldots, a_{2,p-1} \\ a_{3,0}, a_{3,1}, a_{3,2}, a_{3,3}, \ldots, a_{3,p-1}. \\ \cdot\;\cdot\;\cdot\;\cdot\;\cdot\;\cdot\;\cdot\;\cdot\;\cdot\;\cdot\;\cdot\;\cdot\;\cdot \end{array}$$

Man erhält auf diese Weise im Ganzen P^2 Buchstaben. Ist die Gesamtzahl der Buchstaben hierdurch nicht erschöpft, so nehme man einen dritten Index, so dass

$$a_{m,n,0}, a_{m,n,1}, a_{m,n,2}, a_{m,n,3}, \ldots, a_{m,n,p-1}$$

allgemein ein System von conjungierten Buchstaben ist. Man gelangt auf diese Weise zu dem Schlusse, dass $N = P^{\mu}$ ist, wo μ eine gewisse Zahl bedeutet, die derjenigen der verschiedenen Indices, die man nötig hat, gleich ist. Die allgemeine Form der Buchstaben ist:

$$a_{k_1, k_2, k_3, \ldots, k_\mu},$$

wo $k_1, k_2, k_3, \ldots, k_\mu$ Indices sind, von denen jeder die P Werte 0, 1, 2, 3, ..., $p-1$ annehmen kann.

Man sieht ferner aus der Art und Weise, wie wir verfahren sind, dass in der Gruppe H sämtliche Substitutionen von der Form sind:

$$[a_{k_1, k_2, k_3, \ldots, k_\mu}, a_{\varphi(k_1), \psi(k_2), \chi(k_3), \ldots, \sigma(k_\mu)}],$$

da jeder Index einem System von conjungierten Buchstaben entspricht.

Ist P keine Primzahl, so kann man auf die Gruppe der Permutationen irgend eines der Systeme von conjungierten Buchstaben dieselbe Schlussfolgerung anwenden, wie auf die Gruppe G, indem man jeden Index durch eine gewisse Anzahl von neuen Indices ersetzt, und wird erhalten: $P = R^{\alpha}$, u. s. w., und hieraus endlich $N = p^{\nu}$, wo p eine Primzahl ist.

Von den primitiven Gleichungen vom Grade p^2.

Wir verweilen einen Augenblick, um sogleich die primitiven Gleichungen vom Grade p^2, wo p eine ungerade Primzahl ist, zu behandeln (der Fall $p = 2$ ist bereits untersucht worden). Wenn eine Gleichung vom Grade p^2 durch Wurzelgrössen lösbar ist, so nehmen wir sie zunächst so an, dass sie nicht durch eine Wurzelausziehung primitiv wird.

Es sei also G eine primitive Gruppe von p^2 Buchstaben, welche sich in n nicht primitive zu H conjugierte Gruppen teilen.

Die Buchstaben in der Gruppe H müssen sich notwendig in folgender Weise anordnen:

$$\begin{array}{cccccc}
a_{0,0}, & a_{0,1}, & a_{0,2}, & a_{0,3}, & \ldots, & a_{0,p-1} \\
a_{1,0}, & a_{1,1}, & a_{1,2}, & a_{1,3}, & \ldots, & a_{1,p-1} \\
a_{2,0}, & a_{2,1}, & a_{2,2}, & a_{2,3}, & \ldots, & a_{2,p-1} \\
\cdot & \cdot & \cdot & \cdot & \cdot & \cdot \\
a_{p-1,0}, & a_{p-1,1}, & a_{p-1,2}, & a_{p-1,3}, & \ldots, & a_{p-1,p-1},
\end{array}$$

wo jede Horizontal- und jede Vertikalreihe ein System von conjungierten Buchstaben ist.

Permutiert man die Vertikalreihen unter einander, so darf die Gruppe, welche man erhält, da sie primitiv und ihr Grad eine Primzahl ist, nur Substitutionen von der Form

$$(a_{k_1, k_2}, a_{mk_1+n, k_2})$$

enthalten, wo die Indices in Bezug auf den Modul p zu nehmen sind.

Dasselbe gilt von den Horizontalreihen, welche nur Substitutionen von der Form

$$(a_{k_1,\,k_2},\ a_{k_1,\,qk_2+r})$$

geben können. Mithin werden schliesslich sämtliche Substitutionen der Gruppe H von der Form sein:

$$(a_{k_1,\,k_2},\ a_{m_1k_1+n_1,\,m_2k_2+n_2}).$$

Wenn sich eine Gruppe G in n Gruppen teilt, die conjugiert sind zu derjenigen, welche wir soeben beschrieben haben, so müssen sämtliche Substitutionen der Gruppe G die cyklischen Substitutionen der Gruppe H, welche sämtlich in folgender Weise geschrieben werden:

$$\text{(a)} \qquad (a_{k_1,k_2,\ldots},\ a_{k_1+\alpha_1,\,k_2+\alpha_2,\ldots}),$$

in einander transformieren.

Wir nehmen daher an, dass die eine der Substitutionen der Gruppe G gebildet wird, indem wir respective

$$\begin{array}{ll} k_1 & \text{durch } \varphi_1(k_1,\,k_2) \\ k_2 & \quad\text{"}\quad \varphi_2(k_1,\,k_2) \end{array}$$

ersetzen. Substituieren wir in den Functionen φ_1, φ_2 für k_1, k_2 die Werte $k_1+\alpha_1$, $k_2+\alpha_2$, so werden sich Resultate ergeben müssen von der Form:

$$\varphi_1+\beta_1,\quad \varphi_2+\beta_2,$$

und hieraus kann man leicht unmittelbar folgern, dass die Substitutionen der Gruppe G sämtlich enthalten sein müssen in der Formel:

$$\text{(A)} \qquad (a_{k_1,\,k_2},\ a_{m_1k_1+n_1k_2+\alpha_1,\ m_2k_1+n_2k_2+\alpha_2}).$$

Nun wissen wir aus Nummer ...*), dass die Substitution der Gruppe G nur p^2-1 oder p^2-p Buchstaben umfassen kann. Es kann aber nicht p^2-p sein, da in diesem Falle die Gruppe G nicht primitiv sein kann. Wenn man demnach in der Gruppe G nur die Permutationen betrachtet, in denen der Buchstabe $a_{0,0}$ z. B. immer denselben Platz behält, so wird man nur Substitutionen von der Ordnung p^2-1 zwischen den p^2-1 andern Buchstaben haben.

Wir wollen uns aber hier erinnern, dass wir nur einfach zum Zwecke des Beweises vorausgesetzt haben, dass die primitive Gruppe G sich in conjugierte nicht primitive Gruppe teile. Da diese Bedingung keineswegs notwendig ist, so werden die Gruppen oft viel complicierter sein.

---

*) Da die vorliegende Abhandlung die Fortsetzung einer Arbeit von Galois bildet, die ich nicht besitze, so ist es mir unmöglich, die hier und weiter unten erwähnte Abhandlung anzugeben. A. Ch.

Es handelt sich also darum zu erkennen, in welchem Falle diese Gruppen Substitutionen zulassen können, in denen nur $p^2 - p$ Buchstaben variieren würden, und diese Untersuchung wird uns einige Zeit beschäftigen.

Es sei also G eine Gruppe, welche irgend eine Substitution von der Ordnung $p^2 - p$ enthält. Ich behaupte zunächst, dass alle Substitutionen dieser Gruppe linear d. h. von der Form (A) sind.

Dies ist, wie man sieht, richtig für die Substitutionen von der Ordnung $p^2 - 1$. Man braucht also unsere Behauptung nur zu beweisen für diejenigen von der Ordnung $p^2 - p$. Wir betrachten also nur eine Gruppe, in welcher die sämtlichen m Substitutionen von der Ordnung p^2 oder von der Ordnung $p^2 - p$ sein würden. (Vgl. die erwähnte Stelle.)

Alsdann müssen die p Buchstaben, welche sich in einer Substitution von der Ordnung $p^2 - p$ nicht ändern, conjungierte Buchstaben sein. Wir nehmen an, dass diese conjungierten Buchstaben seien:

$$a_{0,0},\ a_{0,1},\ a_{0,2},\ \ldots,\ a_{0,p-1}.$$

Wir können alle Substitutionen herleiten, in denen die p Buchstaben ihre Plätze nicht ändern, und zwar kann dies geschehen aus Substitutionen von der Form:

$$(a_{k_1,\,k_2},\ a_{k_1,\,\varphi(k_2)})$$

und aus Substitutionen von der Ordnung $p^2 - p$, deren Periode aus p Gliedern bestehen würde (vgl. ebenfalls die citierte Stelle).

Die ersteren müssen sich, damit die Gruppe die gewünschte Eigenschaft besitze, notwendig auf die Form

$$(a_{k_1,\,k_2},\ a_{k_1,\,mk_2})$$

reducieren und zwar auf Grund dessen, was wir in Bezug auf die Gleichungen vom Grade p angegeben haben.

Was die Substitutionen betrifft, deren Periode aus p Gliedern bestehen würde, so können wir, da sie zu den vorhergehenden conjugiert sind, eine Gruppe annehmen, welche sie enthält, ohne jene zu enthalten. Folglich müssen sie die cyklischen Substitutionen (a) in einander transformieren und somit ebenfalls linear sein.

Wir sind hiermit zu dem Schlusse gekommen, dass die Gruppe der Permutationen von p^2 Buchstaben nur Substitutionen von der Form (A) enthalten darf.

Jetzt nehmen wir die Gesamtgruppe, welche man erhält, wenn man auf den Ausdruck

$$a_{k\,,\,k_2}$$

alle möglichen linearen Substitutionen anwendet, und untersuchen, welches die Teiler dieser Gruppe sind, die die für die Auflösbarkeit der Gleichungen gewünschte Eigenschaft haben können.

Welches ist zunächst die Gesamtzahl der linearen Substitutionen? Zunächst ist klar, dass nicht jede Transformation von der Form

$$k_1, k_2, \quad m_1k_1 + n_1k_2 + \alpha_1, m_2k_1 + n_2k_2 + \alpha_2$$

eine Substitution sein wird; denn für eine Substitution ist erforderlich, dass jedem Buchstaben der ersten Permutation nur ein einziger Buchstabe der zweiten entspreche und umgekehrt.

Wenn man also einen beliebigen Buchstaben a_{l_1, l_2} der zweiten Permutation nimmt und hinabsteigt zu dem entsprechenden Buchstaben in der ersten, so muss man einen Buchstaben a_{k_1, k_2} finden, in welchem die Indices k_1, k_2 vollkommen bestimmt sind. Man muss also, welches auch l_1 und l_2 sein mögen, durch die Gleichungen

$$m_1k_1 + n_1k_2 + \alpha_1 = l_1$$
$$m_2k_1 + n_2k_2 + \alpha_2 = l_2$$

endliche und bestimmte Werte von k_1 und k_2 erhalten. Demnach ist die Bedingung dafür, dass eine derartige Transformation wirklich eine Substitution sei, die, dass $m_1n_2 - m_2n_1$ weder Null noch, was dasselbe, durch den Modul teilbar ist.

Ich behaupte jetzt, dass, obwohl diese Gruppe mit linearen Substitutionen nicht immer, wie man sehen wird, zu Gleichungen gehört, welche durch Wurzelgrössen lösbar sind, sie doch die Eigenschaft besitzt, dass, wenn es in irgend einer ihrer Substitutionen n festbleibende Buchstaben giebt, n ein Teiler der Anzahl der Buchstaben sein wird. Und in der That, welches auch die Anzahl der Buchstaben, welche fest bleiben, sein möge, man kann diesen Umstand immer durch lineare Gleichungen ausdrücken, welche sämtliche Indices des einen der festen Buchstaben vermittelst einer gewissen Anzahl unter ihnen geben. Giebt man jedem dieser willkürlich gebliebenen Indices p Werte, so erhält man p^m Systeme von Werten, wo m eine gewisse Zahl ist. In dem Falle, der uns beschäftigt, ist m notwendig < 2 und demnach gleich 0 oder gleich 1. Mithin kann die Anzahl der Substitutionen nicht grösser sein als

$$p^2(p^2 - 1)(p^2 - p).$$

Betrachten wir jetzt nur die linearen Substitutionen, in denen der Buchstabe $a_{0,0}$ sich nicht ändert. Wenn wir in diesem Falle die Gesamtzahl der Permutationen der Gruppe finden, welche alle möglichen linearen Substitutionen enthält, so brauchen wir diese Zahl nur noch mit p^2 zu multiplicieren.

Substituiert man nun p für den Index k_2, so werden sämtliche Substitutionen von der Form

$$(a_{k_1, k_2}, a_{m_1k_1, k_2})$$

im Ganzen $p - 1$ Substitutionen geben. Man wird also $p^2 - p$ erhalten, wenn man zu dem Gliede k_2 das Glied m_2k_1 addiert wie folgt:

$$(\mathrm{m}') \qquad (k_1, k_2, \quad m_1k_1, m_2k_1 + k_2).$$

Andrerseits ist es leicht, eine lineare Gruppe von p^2-1 Permutationen zu finden von der Beschaffenheit, dass in jeder ihrer Substitutionen sämtliche Buchstaben mit Ausnahme von $a_{0,0}$ variieren. Denn ersetzt man den doppelten Index k_1, k_2 durch den einfachen Index k_1+ik_2, wo i eine primitive Wurzel der Gleichung

$$x^{p^2}-1=0 \pmod{p}$$

ist, so ist klar, dass jede Substitution von der Form

$$[a_{k_1+ik_2},\ a_{(m_1+m_2i)\,(k_1+k_2i)}]$$

eine lineare Substitution sein wird. In diesen Substitutionen aber bleibt kein Buchstabe an demselben Platze und ihre Anzahl beträgt p^2-1.

Wir haben somit ein System von p^2-1 Permutationen von der Art, dass in jeder ihrer Substitutionen sämtliche Buchstaben mit Ausnahme von $a_{0,0}$ variieren. Combinieren wir diese Substitutionen mit den p^2-p, von denen früher die Rede war, so erhalten wir

$$(p^2-1)\,(p^2-p) \text{ Substitutionen.}$$

Nun haben wir a priori gesehen, dass die Anzahl der Substitutionen, in denen $a_{0,0}$ fest bleibt, nicht grösser sein kann als $(p^2-1)(p^2-p)$. Mithin ist dieselbe genau gleich $(p^2-1)\,(p^2-p)$ und die gesamte lineare Gruppe wird im Ganzen

$$p^2(p^2-1)\,(p^2-p)$$

Permutationen besitzen.

Es bleiben noch die Teiler dieser Gruppe zu suchen, welche die Eigenschaft besitzen können, durch Wurzelgrössen lösbar zu sein. Dazu wollen wir eine Transformation machen, welche den Zweck hat, die allgemeine Gleichung vom Grade p^2, deren Gruppe linear ist, soviel wie möglich zu erniedrigen.

Zunächst kann man, da die cyklischen Substitutionen einer solchen Gruppe derart sind, dass jede andere Substitution der Gruppe sie in einander transformiert, die Gleichung um einen Grad erniedrigen und eine Gleichung vom Grade p^2-1 betrachten, deren Gruppe nur Substitutionen von der Form hat:

$$(b_{k_1,\,k_2},\ b_{m_1k_1+n_1k_2,\ m_2k_1+n_2k_2}).$$

Die p^2-1 Buchstaben sind:

$$\begin{array}{llll} & b_{0,\,1}, & b_{0,\,2}, & b_{0,\,3}, \ \dots \\ b_{1,\,0}, & b_{1,\,1}, & b_{1,\,2}, & b_{1,\,3}, \ \dots \\ b_{2,\,0}, & b_{2,\,1}, & b_{2,\,2}, & b_{2,\,3}, \ \dots \end{array}$$

Ich bemerke jetzt, dass diese Gruppe nicht primitiv ist, so dass sämtliche Buchstaben, in welchen das Verhältnis zweier Indices dasselbe ist, conjungierte Buchstaben sind. Wird jedes System von conjungierten Buchstaben durch einen einzigen Buchstaben ersetzt, so erhält man eine Gruppe, deren sämtliche Substitutionen von der Form sein werden:

$$\left(b_{\frac{k_1}{k_2}},\ b_{\frac{m_1k_1+n_1k_2}{m_2k_1+n_2k_2}}\right),$$

wo $\frac{k_1}{k_2}$ die neuen Indices sind. Ersetzt man dieses Verhältnis durch einen einzigen Index k, so findet man, dass die $p+1$ Buchstaben sein werden:

$$b_0,\ b_1,\ b_2,\ b_3,\ \ldots,\ b_{p-1},\ b_{\frac{1}{0}},$$

und die Substitutionen werden von der Form sein:

$$\left(k,\ \frac{mk+n}{rk+s}\right).$$

Untersuchen wir, wieviel Buchstaben in jeder dieser Substitutionen an demselben Platze bleiben. Dazu muss man die Gleichung auflösen:

$$(rk+s)k-m(mk+n)=0,$$

und diese wird zwei oder nur eine oder gar keine Wurzel haben, je nachdem $(m-s)^2+4nr$ quadratischer Rest, Null oder quadratischer Nichtrest ist. Je nach diesen drei Fällen wird die Substitution von der Ordnung $p-1$ oder p oder $p+1$ sein.

Man kann als Typus für die beiden ersten Fälle die Substitutionen von der Form nehmen:

$$(k,\ mk+n),$$

wo der eine Buchstabe $b_{\frac{1}{0}}$ nicht variiert, und hieraus sieht man, dass die Gesamtzahl der Substitutionen der Gruppe reduciert ist auf

$$(p+1)p(p-1).$$

Nachdem wir auf diese Weise diese Gruppe reduciert haben, wollen wir sie allgemein weiter behandeln. Wir untersuchen zunächst, in welchem Falle ein Teiler dieser Gruppe, welcher Substitutionen von der Ordnung p enthält, einer Gleichung angehören könnte, welche durch Wurzelgrössen lösbar ist.

In diesem Falle würde die Gleichung primitiv sein, und sie könnte nicht durch Wurzelgrössen gelöst werden, wofern man nicht $p+1=2^n$ hätte, wo n eine gewisse Zahl ist.

Wir können annehmen, dass die Gruppe nur Substitutionen von der Ordnung p und von der Ordnung $p+1$ enthalte. Alle Substitutionen von der Ordnung $p+1$ werden infolge dessen ähnlich sein und ihre Periode wird aus zwei Gliedern bestehen.

Nehmen wir also den Ausdruck

$$\left(k,\ \frac{mk+n}{rk+s}\right),$$

und sehen wir zu, in welchem Falle diese Substitution eine Periode von zwei Gliedern haben kann. Dazu ist erforderlich, dass die inverse Substitution mit ihr zusammenfällt. Die inverse Substitution ist:

$$\left(k, \frac{-sk+n}{rk-m}\right);$$

mithin muss man $m = -s$ haben und sämtliche in Frage kommenden Substitutionen werden sein:

$$\left(k, \frac{mk+n}{k-m}\right)$$

oder auch:

$$k,\ m + \frac{N}{k-m},$$

wo N eine gewisse Zahl ist, welche dieselbe ist für alle Substitutionen, da diese Substitutionen in einander transformiert werden müssen durch sämtliche Substitutionen $(k, k+m)$ von der Ordnung p. Diese Substitutionen müssen aber überdies zu einander conjugiert sein. Wenn also

$$\left(k, m + \frac{N}{k-m}\right),\quad \left(k, n + \frac{N}{k-n}\right)$$

zwei solche Substitutionen sind, so muss man haben:

$$n + \frac{N}{\dfrac{N}{k-m} + m - n} = m + \frac{N}{\dfrac{N}{k-n} + n - m}$$

d. h.

$$(m-n)^2 = 2N.$$

Mithin kann die Differenz zwischen zwei Werten von m nur zwei verschiedene Werte annehmen; demnach kann m nicht mehr als drei Werte haben, also endlich $p = 3$. Also allein in diesem Falle kann die reducierte Gruppe Substitutionen von der Ordnung p enthalten.

Und in der That wird alsdann die Gleichung vom vierten Grade und somit durch Wurzelgrössen lösbar sein.

Wir wissen daher, dass im Allgemeinen unter den Substitutionen dieser reducierten Gruppe sich nicht Substitutionen von der Ordnung p vorfinden dürfen. Kann es solche von der Ordnung $p-1$ geben? Wir wollen dies untersuchen*).

---

*) Ich habe vergeblich in den Papieren von Galois die Fortsetzung hiervon gesucht. A. Ch.

Anhang.

I.

Notizen aus einigen Briefen Abels.

Brief an Holmboe vom 16. Januar 1826.

Seit meiner Ankunft in Berlin habe ich mich mit der Lösung des folgenden allgemeinen Problems beschäftigt: Alle Gleichungen zu finden, welche algebraisch auflösbar sind. Ich bin damit noch nicht ganz zu Ende gekommen, soweit ich aber darüber zu urteilen vermag, werde ich Erfolg haben. So lange der Grad der Gleichung eine Primzahl ist, ist die Schwierigkeit nicht so gross, wenn dagegen jener eine zusammengesetzte Zahl ist, hat der Teufel sein Spiel. Ich habe eine Anwendung auf die Gleichungen fünften Grades gemacht und es ist mir glücklicherweise gelungen, das Problem in diesem Falle zu lösen. Ich habe ausser den bisher bekannten eine grosse Zahl von auflösbaren Gleichungen gefunden. Wenn ich die Abhandlung so zu Stande bringe, wie ich hoffe, wird sie, schmeichle ich mir, gut sein. Sie wird allgemein sein und von der Methode das enthalten, was mir das Wesentlichste zu sein scheint. ....

Brief an Holmboe vom 24. October 1826.

... Ich arbeite gegenwärtig an der Theorie der Gleichungen, meinem Lieblingsthema, und es ist mir endlich gelungen, den Weg zur Auflösung des folgenden allgemeinen Problems zu finden: Die Form aller algebraischen Gleichungen zu finden, welche algebraisch aufgelöst werden können. Ich habe unendlich viele solcher Gleichungen vom 5ten, 6ten und 7ten Grade gefunden, die man bisher noch nicht aufgespürt hatte. Ich habe zugleich die directeste Auflösung der Gleichungen der vier ersten Grade, sowie den augenscheinlichen Grund, weshalb sie allein auflösbar sind, die andern aber nicht. Was die Gleichungen vom 5ten Grade betrifft, so habe ich gefunden, dass, wenn eine solche Gleichung algebraisch auflösbar ist, ihre Wurzel die folgende Form haben muss:

$$x = A + \sqrt[5]{R} + \sqrt[5]{R'} + \sqrt[5]{R''} + \sqrt[5]{R'''},$$

wo R, R', R'', R''' die vier Wurzeln einer Gleichung vierten Grades sind, die durch Quadratwurzeln allein ausdrückbar sind. In Bezug auf die Ausdrücke und die Vorzeichen hat mir diese Aufgabe recht viel Schwierigkeiten gemacht....

Brief an Holmboe vom December 1826.

... Ebenso werde ich an Gergonne eine grosse Abhandlung über die elliptischen Functionen schicken, welche eine Menge merkwürdiger Sachen enthält, die, wie ich mir schmeichle, nicht verfehlen werden, auf manchen Leser durch das und jenes einen Eindruck zu machen. Unter andern handelt sie von der Teilung des Bogens der Lemniskate. Du wirst sehen, wie hübsch das ist. Ich habe gefunden, dass man mit Lineal und Zirkel die Lemniskate in 2^n+1 gleiche Teile teilen kann, wenn diese Zahl eine Primzahl ist. Die Teilung hängt von einer Gleichung vom Grade $(2^n+1)^2-1$ ab, doch habe ich die vollständige Lösung derselben mit Hülfe von Quadratwurzeln gefunden. Dies hat mir auch zugleich das Verständnis des Geheimnisses eröffnet, welches bezüglich der Gauss'schen Theorie über die Teilung des Kreisumfanges herrschte. Ich sehe klar wie der Tag, wie er dazu gekommen ist. Was ich soeben von der Lemniskate gesagt habe, ist eine der Früchte meiner Untersuchungen über die Theorie der Gleichungen. Du kannst Dir nicht denken, was für köstliche Sätze ich in dieser gefunden habe, z. B. den folgenden: Wenn eine Gleichung $P=0$ vom Grade $\mu\nu$, wo μ und ν zu einander prime Zahlen sind, auf irgend eine Weise durch Wurzelgrössen lösbar ist, so ist P entweder in μ Factoren vom Grade ν, deren Coefficienten von einer einzigen Gleichung vom Grade μ abhängen, oder in ν Factoren vom Grade μ zerlegbar, deren Coefficienten von einer einzigen Gleichung vom Grade ν abhängen.

Brief an Holmboe vom 4. März 1827.

... So habe ich z. B. gefunden, dass man mit dem Lineal und Zirkel den Umfang der Lemniskate in dieselbe Anzahl gleicher Teile teilen kann, wie Gauss für den Kreis bewiesen hat z. B. in 17 gleiche Teile. Dies ist nur eine sehr specielle Folgerung, und es giebt noch eine Menge anderer allgemeinerer Sätze. Zu diesen haben mich meine allgemeinen Untersuchungen über die Gleichungen geführt. In der Theorie der algebraischen Gleichungen habe ich mir das folgende Problem, welches alle andern Probleme dieser Theorie einschliesst, gestellt und gelöst: Alle Gleichungen von einem bestimmten Grade zu finden, welche algebraisch lösbar sind. Hierdurch bin ich zu einer Menge herrlicher Sätze gelangt....

Brief an Crelle vom 14. März 1826.

Wenn eine Gleichung fünften Grades, deren Coefficienten rationale Zahlen sind, algebraisch lösbar ist, so kann man den Wurzeln die folgende Form geben:

$$x = c + A \cdot a^{\frac{1}{5}} \cdot a_1^{\frac{2}{5}} \cdot a_2^{\frac{4}{5}} \cdot a_3^{\frac{3}{5}} + A_1 \cdot a_1^{\frac{1}{5}} \cdot a_2^{\frac{2}{5}} \cdot a_3^{\frac{4}{5}} \cdot a^{\frac{3}{5}}$$
$$+ A_2 \cdot a_2^{\frac{1}{5}} \cdot a_3^{\frac{2}{5}} \cdot a^{\frac{4}{5}} \cdot a_1^{\frac{3}{5}} + A_3 \cdot a_3^{\frac{1}{5}} \cdot a^{\frac{2}{5}} \cdot a_1^{\frac{4}{5}} \cdot a_2^{\frac{3}{5}},$$

wo

$$\begin{aligned}
a &= m + n\sqrt{1+e^2} + \sqrt{h(1+e^2+\sqrt{1+e^2})} \\
a_1 &= m - n\sqrt{1+e^2} + \sqrt{h(1+e^2-\sqrt{1+e^2})} \\
a_2 &= m + n\sqrt{1+e^2} - \sqrt{h(1+e^2+\sqrt{1+e^2})} \\
a_3 &= m - n\sqrt{1+e^2} - \sqrt{h(1+e^2-\sqrt{1+e^2})}
\end{aligned}$$

$$\begin{aligned}
A &= K + K'a + K''a_2 + K'''aa_2 \\
A_1 &= K + K'a_1 + K''a_3 + K'''a_1a_3 \\
A_2 &= K + K'a_2 + K''a + K'''aa_2 \\
A_3 &= K + K'a_3 + K''a_1 + K'''a_1a_3
\end{aligned}$$

ist. Die Grössen c, h, e, m, n, K, K', K'', K''' sind rationale Zahlen.

Auf diese Weise ist jedoch die Gleichung $x^5 + ax + b = 0$ nicht auflösbar, so lange a und b irgendwelche Grössen sind. Ich habe ähnliche Sätze für die Gleichungen vom 7ten, 11ten, 13ten u. s. w. Grade gefunden.

Brief an Crelle vom 4. December 1826.

Wenn man eine Kurve $AMBN$ beschreibt, deren Gleichung

$$x = \sqrt{\cos 2\varphi}$$

ist, wo

$$x = AM, \quad \varphi = MAB$$

ist, so wird der Bogen AM gegeben durch den folgenden Ausdruck:

$$s = \int \frac{dx}{\sqrt{1-x^4}};$$

derselbe hängt somit von den elliptischen Functionen ab.

Ich habe nun gefunden, dass man immer die Peripherie $AMBN$ geometrisch (d. h. mittelst des Lineals und des Zirkels) in n gleiche Teile teilen kann, wenn n eine Primzahl von der Form $2^m + 1$ ist, oder wenn

$$n = 2^\mu (2^m + 1)(2^{m'} + 1) \ldots (2^{m^{(k)}} + 1)$$

ist und $2^m + 1$, $2^{m'} + 1, \ldots$ Primzahlen sind.

Wie Sie sehen, ist dieser Satz genau derselbe wie der von Gauss für den Kreis. Man kann auf diese Weise die erwähnte Kurve z. B. in 2, 3, 5, 17,... gleiche Teile teilen. Meine Theorie der Gleichungen in Verbindung mit der Zahlentheorie hat mich zu diesem Satze geführt. Ich habe Grund zu glauben, dass Gauss ebenfalls zu demselben gekommen ist.

Brief an Crelle vom 18. October 1828.

Sätze über die Gleichungen.

A. Sind $x_1, x_2, \ldots, x_n$ irgend welche unbekannte Grössen und $\varphi(x_1, x_2, \ldots, x_n)$ eine ganze Function dieser Grössen vom Grade m, wobei m irgend eine Primzahl ist und nimmt man zwischen $x_1, x_2, \ldots, x_n$ die folgenden n Gleichungen an:

$$\begin{aligned}
&\varphi(x_1, x_2, \ldots, x_n) = 0\\
&\varphi(x_2, x_3, \ldots, x_n, x_1) = 0\\
&\varphi(x_3, x_4, \ldots, x_n, x_1, x_2) = 0\\
&\ldots\ldots\ldots\ldots\\
&\varphi(x_n, x_1, x_2, \ldots, x_{n-1}) = 0,
\end{aligned}$$

so kann man daraus im Allgemeinen $n-1$ Grössen eliminieren und irgend eine derselben x wird bestimmt sein mittelst einer Gleichung vom Grade m^n. Offenbar ist die linke Seite dieser Gleichung teilbar durch die Function $\varphi(x, x, \ldots, x)$ welche vom Grade m ist. Man erhält daher eine Gleichung in x vom Grade $m^n - m$.

Nachdem dieses festgestellt ist, behaupte ich, dass diese Gleichung in $\frac{m^n - m}{n}$ Gleichungen zerlegbar ist, deren jede vom Grade n ist und deren Coefficienten mittelst einer Gleichung vom Grade $\frac{m^n - m}{n}$ bestimmt werden. Nimmt man die Wurzeln dieser Gleichung als bekannt an, so sind die Gleichungen vom Grade n algebraisch auflösbar.

Nimmt man beispielshalber $n = 2$, $m = 3$, so erhält man eine Gleichung in x vom Grade $3^2 - 3 = 6$. Diese Gleichung sechsten Grades ist algebraisch auflösbar, denn dem Satze zufolge kann man sie in drei Gleichungen vom zweiten Grade zerlegen. Sucht man in ähnlicher Weise die ungleichen Werte x_1, x_2, x_3, welche den Gleichungen

$$\begin{aligned}
x_2 &= \frac{a + bx_1 + cx_1^2}{\alpha + \beta x_1}\\
x_3 &= \frac{a + bx_2 + cx_2^2}{\alpha + \beta x_2}\\
x_1 &= \frac{a + bx_3 + cx_3^2}{\alpha + \beta x_3}
\end{aligned}$$

genügen können, so erhält man zur Bestimmung von x_1, x_2, x_3 eine Gleichung sechsten Grades; dieselbe ist jedoch zerlegbar in zwei Gleichungen vom dritten Grade, während die Coefficienten durch eine Gleichung zweiten Grades bestimmt sind.

B. Wenn drei Wurzeln irgend einer irreductiblen Gleichung, deren Grad eine Primzahl ist, derart unter einander verbunden sind, dass die eine dieser Wurzeln rational ausgedrückt werden kann durch die beiden andern, so ist die in Rede stehende Gleichung stets durch Wurzelgrössen auflösbar.

C. Wenn zwei Wurzeln einer irreductiblen Gleichung, deren Grad eine Primzahl ist, unter einander in der Beziehung stehen, dass man eine der beiden Wurzeln rational durch die andere ausdrücken kann, so ist diese Gleichung stets mit Hülfe von Wurzelgrössen auflösbar.

II.

Einige kleinere andere Gegenstände betreffende Bemerkungen von Galois.

Bemerkungen über einige Punkte aus der Analysis.

[Annales de M. Gergonne t. XXI S. 182 (1830—31).]

1. Beweis eines Satzes aus der Analysis.

Satz. Sind $F(x)$ und $f(x)$ irgend zwei gegebene Functionen, so hat man, welches auch x und h sein mögen:

$$\frac{F(x+h)-F(x)}{f(x+h)-f(x)}=\varphi(k),$$

wo φ eine bestimmte Function und k eine zwischen x und $x+h$ liegende Grösse ist.

Beweis. Setzt man nämlich:

$$\frac{F(x+h)-F(x)}{f(x+h)-f(x)}=P,$$

so erhält man hieraus:

$$F(x+h)-Pf(x+h)=F(x)-Pf(x),$$

woraus man erkennt, dass die Function $F(x)-Pf(x)$ sich nicht ändert, wenn man darin x in $x+h$ verwandelt. Hieraus folgt, dass diese Function, wofern sie nicht zwischen diesen Grenzen constant bleibt, was nur in speciellen Fällen stattfinden könnte, zwischen x und $x+h$ ein oder mehrere Maxima und Minima besitzt. Ist k der dem einen von ihnen entsprechende Wert von x, so hat man offenbar:

$$k=\psi(P),$$

wo ψ eine bestimmte Function ist; mithin muss auch

$$P=\varphi(k)$$

sein, wo φ eine andere ebenfalls bestimmte Function ist, womit unser Satz bewiesen ist.

Hieraus lässt sich als Zusatz folgern, dass die Grösse

$$\lim \frac{F(x+h)-F(x)}{f(x+h)-f(x)}=\varphi(x)$$

für $h=0$ notwendig eine Function von x ist, womit a priori die Existenz der Ableitungen bewiesen wird.

2. Krümmungsradius der Kurven im Raume.

Der Krümmungsradius einer Kurve in irgend einem ihrer Punkte M ist das Lot von diesem Punkte auf die Durchschnittslinie der Normalebene im Punkte M und der darauffolgenden Normalebene, wovon man sich durch geometrische Betrachtungen leicht überzeugen kann.

Ist hiernach (x, y, z) ein Punkt der Kurve, so hat bekanntlich die Normalebene in diesem Punkte zur Gleichung:

$$\text{(N)} \qquad (X-x)\frac{\partial x}{\partial s}+(Y-y)\frac{\partial y}{\partial s}+(Z-z)\frac{\partial z}{\partial s}=0,$$

wo X, Y, Z die Symbole für die laufenden Coordinaten sind. Die Durchschnittslinie dieser Normalebene mit der darauf folgenden Normalebene ist gegeben durch das System dieser Gleichung und der folgenden:

$$\text{(J)} \qquad (X-x)\frac{\partial\frac{\partial x}{\partial s}}{\partial s}+(Y-y)\frac{\partial\frac{\partial y}{\partial s}}{\partial s}+(Z-z)\frac{\partial\frac{\partial z}{\partial s}}{\partial s}=1,$$

wenn man berücksichtigt, dass

$$\left(\frac{\partial x}{\partial s}\right)^2+\left(\frac{\partial y}{\partial s}\right)^2+\left(\frac{\partial z}{\partial s}\right)^2=1$$

ist. Nun sieht man aber leicht, dass die Ebene (J) zur Ebene (N) senkrecht steht; denn man hat:

$$\frac{\partial x}{\partial s}d\left(\frac{\partial x}{\partial s}\right)+\frac{\partial y}{\partial s}d\left(\frac{\partial y}{\partial s}\right)+\frac{\partial z}{\partial s}d\left(\frac{\partial z}{\partial s}\right)=0.$$

Mithin ist das Lot, welches vom Punkte (x, y, z) auf die Durchschnittslinie der beiden Ebenen (N) und (J) gefällt ist, nichts anderes als das Lot von demselben Punkte auf die Ebene (J). Der Krümmungsradius ist also das Lot vom Punkte (x, y, z) auf die Ebene (J). Diese Betrachtung ergiebt sehr einfach die bekannten Sätze über die Krümmungsradien der Kurven im Raume.

Bemerkung über die Auflösung numerischer Gleichungen.

(Bulletin des Sciences Math. de M. Férussac, t. XIII, S. 413, Juniheft 1830.)

Legendre hat zuerst bemerkt, dass, wenn eine algebraische Gleichung auf die Form

$$\varphi(x) = x$$

gebracht ist, wo $\varphi(x)$ eine Function von x ist, die beständig gleichzeitig mit x wächst, es leicht ist, diejenige Wurzel dieser Gleichung zu finden, welche unmittelbar kleiner ist als eine gegebene Zahl a, falls $\varphi(a) < a$, und diejenige, welche unmittelbar grösser ist als a, falls $\varphi(a) > a$ ist.

Um dies zu beweisen, construiert man die Kurve $y = \varphi(x)$ und die Gerade $y = x$. Nimmt man eine Abscisse gleich a und setzt man, um eine bestimmte Vorstellung zu haben, voraus, dass $\varphi(a) > a$ sei, so behaupte ich, dass es leicht ist, die Wurzel zu erhalten, welche unmittelbar grösser ist als a. Die Wurzeln der Gleichung $\varphi(x) = x$ sind nämlich nichts anderes als die Abscissen der Schnittpunkte der Geraden und der Kurve, und es ist klar, dass man sich dem nächstgelegenen Schnittpunkte nähern wird, wenn für die Abscisse a die Abscisse $\varphi(a)$ substituiert wird. Man wird einen noch mehr genäherten Wert erhalten, wenn man $\varphi\big(\varphi(a)\big)$, sodann $\varphi\Big(\varphi\big(\varphi(a)\big)\Big)$ u. s. w. nimmt.

Ist $F(x) = 0$ eine gegebene Gleichung vom Grade n und

$$F(x) = X - Y,$$

wo X und Y nur positive Glieder enthalten, so setzt Legendre nach einander die Gleichung unter die folgenden beiden Formen:

$$x = \varphi(x) = \sqrt[n]{\frac{X}{\left(\frac{Y}{x^n}\right)}}, \quad x = \psi(x) = \sqrt[n]{\frac{X}{\left(\frac{x^n}{Y}\right)}},$$

wo von den beiden Functionen $\varphi(x)$ und $\psi(x)$ stets, wie man sieht, die eine grösser, die andere kleiner als x ist. Mithin kann man mit Hülfe dieser beiden Functionen die beiden Wurzeln der Gleichung erhalten, welche sich einer gegebenen Zahl a am meisten nähern und zwar die eine von der positiven, die andere von der negativen Seite her.

Diese Methode besitzt aber den Übelstand, dass sie bei jeder Operation die Ausziehung einer n^{ten} Wurzel erfordert. Im Nachstehenden gebe ich zwei bequemere Methoden. Wir suchen eine Zahl k von solcher Beschaffenheit, dass die Function

$$x + \frac{F(x)}{kx^n}$$

mit x wächst, falls $x > 1$ ist. (Es genügt nämlich, wenn man die Wurzeln einer Gleichung, welche grösser als die Einheit sind, zu finden weiss.)

Dann haben wir für die gegebene Bedingung:

$$1 + \frac{d\frac{X-Y}{kx^n}}{dx} > 0,$$

oder:

$$1 - \frac{nX - xX'}{kx^{n+1}} + \frac{nY - xY'}{kx^{n+1}} > 0.$$

Nun ist aber identisch:

$$nX - xX' > 0$$
$$nY - xY' > 0;$$

mithin braucht man nur zu setzen:

$$\frac{nX - xX'}{kx^{n+1}} < 1 \text{ für } x > 1,$$

und dazu genügt es, wenn wir für k den Wert der Function $nX - xX'$ nehmen, welcher zu $x = 1$ gehört.

Ebenso findet man eine Zahl h von solcher Beschaffenheit, dass die Function

$$x - \frac{F(x)}{hx^n}$$

mit x wächst, wenn $x > 1$ ist, indem man X und Y vertauscht.

Mithin lässt sich die gegebene Gleichung auf eine der Formen bringen:

$$x = x + \frac{F(x)}{kx^n}$$

$$x = x - \frac{F(x)}{hx^n},$$

welche alle beide rational sind und für die Auflösung eine leichte Methode liefern.

Anmerkungen
zu der hinterlassenen Abhandlung von Abel, S. 57—81.

Die Definition der Ordnung eines algebraischen Ausdrucks, wie sie auf Seite 67 gegeben ist, ist incorrect und nach der auf S. 10 angeführten zu berichtigen. Die Ordnung eines algebraischen Ausdrucks ist also nicht gleich der Anzahl der in ihm ausser den bekannten Grössen auftretenden Wurzelgrössen, sondern vielmehr, wenn man sich des Symbols $\sqrt{}$ wie üblich zur Bezeichnung der Wurzelgrössen bedient, gleich der grössten von denjenigen Zahlen, welche angeben, wie viele solcher Wurzelzeichen sich in dem gegebenen algebraischen Ausdruck über einander erstrecken. Dabei wird vorausgesetzt, dass, wenn ein Wurzelzeichen einen Index hat, welcher eine zusammengesetzte Zahl ist, dasselbe nach der Formel $\sqrt[mn]{} = \sqrt[m]{\sqrt[n]{}}$ so weit umgeformt werde, bis sämtliche Wurzelzeichen Primzahlexponenten tragen, und dass sich keines dieser Wurzelzeichen durch Ausführung der durch dasselbe angedeuteten Operation beseitigen lässt. Kommen in einem algebraischen Ausdruck mehrere solcher auf einander oder auf algebraische Ausdrücke niederer Ordnung nicht reducierbarer Wurzelgrössen vor, in denen jene, die grösste Anzahl der über einander sich erstreckenden Wurzelzeichen angebenden Zahlen einander gleich sind, so giebt die Anzahl derselben den Grad des algebraischen Ausdrucks an. — Ist m die Ordnung des algebraischen Ausdrucks und bezeichnet man die einzelnen Wurzelgrössen in der Reihenfolge, wie sie numerisch berechnet werden müssen, um den Wert der Wurzelgrösse m^{ter} Ordnung zu erhalten, mit

$$\sqrt[\mu_1]{R_1},\ \sqrt[\mu_2]{R_2},\ \ldots,\ \sqrt[\mu_{m-1}]{R_{m-1}},$$

wo allgemein R_k eine rationale Function von allen vorhergehenden und von diesen analogen Wurzelgrössen sein kann, so ist das „äussere Radikal" (S. 70, Z. 5 v. o.) eines algebraischen Ausdrucks die letzte der zu berechnenden Wurzelgrössen. Solcher äusseren Radikale giebt es natürlich mehrere, je nach dem Grade des algebraischen Ausdrucks.

Denkt man sich den Ausdruck von y (S. 67, Z. 2 v. o.), nachdem man darin y_1 für R_1 gesetzt hat, in eine gegebene Gleichung eingesetzt, so reduciert sie sich auf die Form der Gleichung in Satz I. Nach den Auseinandersetzungen auf S. 13 kann man nun stets voraussetzen, dass sich $y_1^{\frac{1}{\mu_1}}$ nicht rational ausdrücken lasse durch

$y_2^{\frac{1}{\mu_2}}$, $y_3^{\frac{1}{\mu_3}}$, ... Mithin kann auch, wie S. 69, Zeile 12 v. o. behauptet wird, die Gleichung $s_0 + z = 0$ oder $y_1^{\frac{1}{\mu_1}} = -s_0$ nicht stattfinden, da s_0 der Voraussetzung nach eine rationale Function jener Grössen ist (vgl. S. 15).

Wegen des Satzes II vgl. S. 15, Z. 13 v. u.

Die Beweise der Sätze IV und V setzen nicht allein die Irreductibilität der Gleichung $\varphi(y, m) = 0$ voraus, sondern auch, dass die Function $\varphi(y, m)$ keinen Factor habe, dessen Coefficienten rationale Functionen der Wurzelgrössen $y_1^{\frac{1}{\mu_1}}$, $y_2^{\frac{1}{\mu_2}}$, ..., der bekannten Grössen und von ω sind. Denn im andern Falle könnte es vorkommen, dass die Gleichung $\Pi\varphi(y, m) = 0$ eine Potenz der irreductiblen Gleichung wird, z. B. für die Gleichung:

$$\varphi(y, 1) = y^2 + a^{\frac{1}{3}} y + a^{\frac{2}{3}} = 0.$$

Wir werden weiter unten zeigen, dass man die zur Beseitigung der Wurzelgrössen notwendigen Operationen immer so einrichten kann, dass die Ausnahmefälle vermieden werden.

Endlich ist die Stelle, welche mit den Worten beginnt: „Addiert man, so erhält man" (S. 73, Z. 9 v. u.) und mit den Worten schliesst: „Es muss somit $p_1^{\mu} s$ einer Gleichung genügen, welche höchstens vom Grade $\mu - 1$ ist" (S. 75 Z. 2 v. o.) nicht frei von Einwürfen. Denn aus dem Umstande, dass sich $s^{\frac{1}{\mu}}$ rational durch $s, s', p, p', p_1, p_1', \ldots, p_{\mu-1}, p'_{\mu-1}$ ausdrückt, ohne dass $s', p', p_1', \ldots, p'_{\mu-1}$ rationale Functionen von $s, p, \ldots, p_{\mu-1}$ sind, folgt nicht unmittelbar, dass der Grad der Gleichung eine zusammengesetzte Zahl ist. Setzt man aber für $s^{\frac{1}{\mu}}$ eine rationale Function von $s, s', p', p', p_1, p_1', \ldots, p_{\mu-1}, p'_{\mu-1}$, so hat man eine Art Vereinfachung des Ausdrucks der Wurzel z_1 ausgeführt und man kann annehmen, dass diese Vereinfachung überall da, wo sie möglich ist, bewirkt worden sei.

Es ist in der That nicht schwer, den gegebenen algebraischen Ausdruck einer derartigen vorgängigen Transformation zu unterwerfen, dass die Beweisführung Abel's mit einigen geringfügigen Änderungen angewendet werden kann.

Wir setzen voraus, dass die in dem gegebenen algebraischen Ausdrucke enthaltenen Wurzelgrössen in der Reihenfolge der numerischen Berechnung geordnet seien, und es sei $r_0^{\frac{1}{\mu_0}}$ die erste von ihnen und ω_0 eine imaginäre $\mu_0$te Wurzel der Einheit. Da man annehmen muss, dass der gegebene Ausdruck sämtliche μ_0 Werte der Wurzelgrösse $r_0^{\frac{1}{\mu_0}}$ enthalte, so rechnen wir ω_0, $r_0^{\frac{1}{\mu_0}}$ als erste Gruppe seiner Irrationalen. Giebt es unter den andern Wurzelgrössen solche, welche sich als rationale Funtionen der bekannten Grössen und von ω_0 und $r_0^{\frac{1}{\mu_0}}$ darstellen lassen, so können sie eliminiert werden; es sei $r_1^{\frac{1}{\mu_1}}$ die erste der übrig bleibenden Wurzelgrössen und ω_1 eine imaginäre $\mu_1$te Wurzel der Einheit. Nun kann die Grösse r_1, welche ω_0 und $r_0^{\frac{1}{\mu_0}}$ enthalten kann, eine gewisse Anzahl verschiedener Werte annehmen, die wir mit $r_1, r_1', r_1'', \ldots$ bezeichnen wollen, und wir müssen uns denken, dass der gegebene

Ausdruck nicht nur $r_1^{\frac{1}{\mu_1}}$, sondern auch $r_1'^{\frac{1}{\mu_1}}$, $r_1''^{\frac{1}{\mu_1}}$, ... enthalten kann. Nehmen wir jetzt an, dass alle diese Wurzelgrössen sich rational durch eine gewisse Anzahl unter ihnen $r_1^{\frac{1}{\mu_1}}$, $r_1'^{\frac{1}{\mu_1}}$, ... $(r^{(\varepsilon_1-1)})^{\frac{1}{\mu_1}}$ und durch $r_0^{\frac{1}{\mu_0}}$, ω_0 und die bekannten Grössen, wo die Zahl ε_1 auf ihr Minimum reduciert ist, ausdrücken lassen, so wird die zweite Gruppe von Irrationalen sein:

$$\omega_1,\ r_1^{\frac{1}{\mu_1}},\ r_1'^{\frac{1}{\mu_1}},\ \ldots,\ (r_1^{(\varepsilon_1-1)})^{\frac{1}{\mu_1}}.$$

Reichen diese beiden Gruppen von Irrationalen noch nicht aus, so muss man eine dritte Gruppe hinzufügen u. s. w. Wir erhalten somit nachstehende Zusammenstellung der Irrationalen, aus denen der gegebene algebraische Ausdruck sich zusammensetzt:

$$\begin{array}{l} \omega_0,\ r_0^{\frac{1}{\mu_0}} \\ \omega_1,\ r_1^{\frac{1}{\mu_1}},\ r_1'^{\frac{1}{\mu_1}},\ \ldots,\ (r_1^{(\varepsilon_1-1)})^{\frac{1}{\mu_1}} \\ \omega_2,\ r_2^{\frac{1}{\mu_2}},\ r_2'^{\frac{1}{\mu_2}},\ \ldots,\ (r_2^{(\varepsilon_2-1)})^{\frac{1}{\mu_2}} \\ \ldots\ldots\ldots\ldots \end{array}$$

Die Wurzeln der Einheit sind vor die Wurzelgrössen der Gruppe gesetzt, während die Reihenfolge der letzteren willkürlich ist. In speciellen Fällen enthält der gegebene Ausdruck nicht alle diese Irrationalen, aber er enthält stets wenigstens eine Wurzelgrösse jeder Gruppe. Eine der folgenden Seiten des Abel'schen Manuskripts enthält eine Zusammenstellung, die mit der soeben hingeschriebenen identisch ist, mit dem einzigen Unterschiede, dass die ω nicht ausdrücklich aufgeführt sind. Nun können sie zwar durch Wurzelgrössen ausgedrückt werden, doch ist es ebenso einfach, sie beizubehalten. Sprechen wir von den Werten, welche sie annehmen können, so muss man darunter die Wurzeln der irreductiblen Gleichung verstehen, welche ω mit Hülfe der bekannten Grössen und der Irrationalen der vorhergehenden Gruppen definiert. Welches auch diese letzteren sein mögen, die Werte von ω sind stets ausgedrückt durch

$$\omega,\ \omega^{\delta},\ \omega^{\delta^2},\ \ldots,\ \omega^{\delta^{\nu-1}},$$

wo $1, \delta, \delta^2, \ldots, \delta^{\nu-1}$ die verschiedenen Lösungen der Congruenz

$$\delta^{\nu} \equiv 1 \ (\mathrm{mod.}\ \mu),$$

wo ν ein Teiler von $\mu - 1$ ist, sind. Um die ω fortzuschaffen, hat man offenbar einen analogen Satz, wie den Satz IV, den man folgendermassen aussprechen kann:

Wenn die Gleichung

$$f(x, \omega_i) = 0,$$

deren Coefficienten ausser ω_i die Irrationalen der i ersten Gruppen enthalten, irreductibel ist, so ist auch

$$\Pi' f(x, \omega_i) = f(x, \omega_i) \cdot f(x, \omega_i^{\delta}) \cdot f(x, \omega_i^{\delta^2}) \cdots f(x, \omega^{\delta_i^{\nu'-1}}) = 0,$$

wo ν' die kleinste Zahl ist, für welche man

$$f(x, \omega_i^{\delta^{\nu'}}) = f(x, \omega_i)$$

hat, eine irreductible Gleichung, deren Coefficienten sich rational durch die Irrationalen der i ersten Gruppen ausdrücken.

Offenbar ist ν' ein Teiler von ν und gleich dem Producte der Exponenten von gewissen Wurzelgrössen, welche dazu dienen, ω durch die Irrationalen der vorhergehenden Gruppen auszudrücken.

Ist der gegebene algebraische Ausdruck, so wie angegeben, vorbereitet, so kann man nach und nach alle Irrationalen aus der Gleichung

$$y - a_m = 0$$

fortschaffen, indem man die umgekehrte Reihenfolge, wie die, welche obige Zusammenstellung angiebt, innehält. Man findet auf diese Weise notwendig die irreductible Gleichung, deren Coefficienten rationale Functionen der bekannten Grössen sind, denn offenbar kommt man nicht auf den Fall, wo der Satz V fehlerhaft ist.

Bezeichnet man jetzt mit

$$\omega,\ S^{\frac{1}{\mu}},\ S_1^{\frac{1}{\mu}},\ \ldots,\ S_{\varepsilon-1}^{\frac{1}{\mu}}$$

die letzte Gruppe von Irrationalen, so hat der gegebene algebraische Ausdruck die folgende Form:

$$\Sigma p_{m_1, m_1, \ldots, m_{\varepsilon-1}} S^{\frac{m}{\mu}} S_1^{\frac{m_1}{\mu}} \ldots S^{\frac{m_{\varepsilon-1}}{\mu}},$$

wo $m, m_1, \ldots, m_{\varepsilon-1}$ alle Combinationen der Werte $0, 1, 2, \ldots, \mu - 1$ darstellen. Nun muss man, wenn der Grad der Gleichung μ ist, dadurch, dass man $S_i^{\frac{1}{\mu}}$ durch $\omega S_i^{\frac{1}{\mu}}$ ersetzt, denselben Wert erhalten, als wenn man $\omega^\nu S^{\frac{1}{\mu}}$ für $S^{\frac{1}{\mu}}$ setzt. Man schliesst daraus, dass der Ausdruck folgendermassen specialisiert werden muss:

$$\Sigma p_m S^{\frac{m}{\mu}} S_1^{\frac{mn_1}{\mu}} \ldots S_{\varepsilon-1}^{\frac{mn_{\varepsilon-1}}{\mu}}$$
$$[m = 0, 1, 2, \ldots, (\mu - 1)],$$

oder, wenn man S für $SS_1^{n_1} \ldots S_{\varepsilon-1}^{n_{\varepsilon-1}}$ schreibt:

$$\Sigma p_m s^{\frac{m}{\mu}},$$

wo offenbar $s^{\frac{1}{\mu}}$ nicht rational durch die Wurzelgrössen der vorhergehenden Gruppen ausgedrückt werden kann. Wendet man jetzt die auf Seite 73 und 74 angewendete Schlussreihe an, so ist klar, dass man

$$q_0 = 0,\ t_1 = t_2 = \cdots = t_{\mu-1} = 0$$

und somit

$$p_1'^{\mu} s' = p_\nu^{\mu} s^\nu$$

hat.

Der letzte Teil der Abhandlung von Seite 75 an besteht nur aus abgerissenen Bemerkungen. Es scheint als ob Abel, nicht zufrieden mit dem, was er niedergeschrieben, dasselbe nicht mehr als die endgültige Fassung der Abhandlung, die er veröffentlichen wollte, angesehen hat. Nichtsdestoweniger bilden die Seiten 75—79 eine stetige Deduction, die nicht schwierig zu verfolgen ist. Auf Seite 75 und 76 wird bewiesen, dass die Grössen $p_2, p_3, \ldots, p_{\mu-1}$ rationale Functionen von s und von bekannten Grössen sind. Am Ende der Seite 75 bezeichnet der Buchstabe ν die Zahl $2 \cdot 3 \cdots\cdot (\mu - 1)$; $q_1, q_2, \cdots, q_\nu$ sind die Werte, welche q_1 oder $p_m s$ annimmt, wenn man die Wurzeln $z_1, z_2, \ldots, z_\mu$ auf alle Arten mit einander vertauscht, und $s_1, s_2, \ldots, s_\nu$ sind die entsprechenden Werte von s. Es ist leicht zu sehen, dass die Grössen $a_0, a_1, \ldots, a_{\nu-1}$ sich rational durch die bekannten Grössen ohne ω darstellen.

Die Seiten 76—79 enthalten die Untersuchung der irreductiblen Gleichung in s; es wird bewiesen, dass sie zu der in der Abhandlung „Über eine besondere Klasse u. s. w." § 3 (Seite 38) behandelten Klasse von Gleichungen gehört. Seite 77 müssen die Formeln

$$s_1^{\frac{1}{\mu}} = p_1 s^{\frac{m^{n\beta}}{\mu}} \quad \text{u. s. w.}$$

durch die Bemerkung vervollständigt werden, dass man $n = 1$ zu setzen hat. Endlich enthält der letzte Teil von Seite 78 und der Anfang von Seite 79 das Resultat der Untersuchungen für den Fall, wo der Grad der Gleichung eine Primzahl ist.

Die Gleichungen

$$s^{\frac{1}{\mu}} = A \cdot a^{\frac{1}{\mu}} \cdot a_1^{\frac{m^\alpha}{\mu}} \cdot a_2^{\frac{m^{2\alpha}}{\mu}} \cdots a_{\nu-1}^{\frac{m^{(\nu-1)\alpha}}{\mu}}$$

ergeben sich leicht aus denen der Seite 78. Setzt man nämlich $f(s) = p, f(s_1) = p_1, \ldots,$ so hat man:

$$s^{\frac{1}{\mu}} = p_{\nu-1} \cdot p_{\nu-2}^{m^\alpha} \cdot p_{\nu-3}^{m^{2\alpha}} \cdots p^{m^{(\nu-1)\alpha}} \cdot s^{\frac{m^{\nu\alpha}}{\mu}}$$

woraus man, wenn man

$$m^{\nu\alpha} - 1 = \mu r$$

setzt, erhält:

$$s^r = p_{\nu-1}^{-1} \cdot p_{\nu-2}^{-m^\alpha} \cdot p_{\nu-3}^{-m^{2\alpha}} \cdots p^{-m^{(\nu-1)\alpha}}.$$

Nimmt man jetzt, was gestattet ist, an, dass r nicht teilbar ist durch μ, so kann man setzen:

$$rr' = 1 + h\mu,$$

woraus folgt:

$$s^{\frac{1}{\mu}} = s^{-h} \cdot \left(p_{\nu-1}^{-r'}\right)^{\frac{1}{\mu}} \cdot \left(p_{\nu-2}^{-r'}\right)^{\frac{m^\alpha}{\mu}} \cdot \left(p_{\nu-3}^{-r'}\right)^{\frac{m^{2\alpha}}{\mu}} \cdots\cdot \left(p^{-r'}\right)^{\frac{m^{(\nu-1)\alpha}}{\mu}},$$

und dies giebt die erwähnte Formel, wenn man

$$s^{-h},\ p_{\nu-1}^{-r'},\ p_{\nu-2}^{-r'},\ p_{\nu-3}^{-r'},\ \cdots,\ p^{-r'}$$

resp. durch

$$A,\ a,\ a_1,\ a_2,\ \ldots,\ a_{\nu-1}$$

ersetzt. Die Grösse a, welche eine rationale Function von s ist, ist Wurzel einer Gleichung von derselben Art und von demselben Grade wie die Gleichung in s;

ferner sieht man leicht, dass die Gleichung in a vom Grade ν irreductibel ist. Mithin ist die Grösse A oder s^{-h} eine rationale Function von a.

Der so gefundene Ausdruck von z_1 genügt in seiner ganzen Allgemeinheit einer irreductiblen Gleichung vom Grade μ. Es bliebe also die allgemeine Form der Wurzeln der Abel'schen Gleichungen eines einzigen Cyklus von Wurzeln zu finden übrig. Abel hat sich zwar mit dieser Aufgabe beschäftigt (Vgl. S. 142), aber es blieb Kronecker vorbehalten, dieselbe in ihrer ganzen Allgemeinheit zu lösen und auf diese Weise die Untersuchungen Abel's über die Form der Wurzeln der Gleichungen, deren Grad eine Primzahl ist und die durch Wurzelgrössen lösbar sind, zu ihrem eigentlichen Abschlusse zu bringen.

Die Formeln auf den Seiten 79 am Ende und 80 kann man in folgender Weise deuten: Abel bezeichnet mit

$$\psi(y)=0$$

eine irreductible durch Wurzelgrössen lösbare Gleichung. Geht man nach der Weise des § 2 von der Gleichung $y-a_m=0$ bis zur gegebenen Gleichung zurück, so wird die vorletzte Gleichung mit

$$\varphi(y, s)=0$$

bezeichnet, so dass man $\Pi\varphi(y, s)=\psi(y)$ hat, wobei s das letzte Radikal ist, welches eine Erhöhung des Grades bestimmt, μ sein Exponent ist und $s, s', s'', \ldots, s^{(\mu-1)}$ seine μ Werte sind. Der Buchstabe ρ bezeichnet einen algebraischen Ausdruck, welcher aus ω und den Irrationalen der vorhergehenden Gruppen gebildet und derart gewählt ist, dass es möglich ist, jede von ihnen durch eine rationale Function von ρ und von bekannten Grössen auszudrücken. Es ist dies ein Hülfsmittel, dessen sich Abel bei einer andern Gelegenheit bedient hat. Die irreductible Gleichung in ρ

$$\varphi(\rho)=0$$

ist vom Grade ν; $\rho, \rho_1, \ldots, \rho_{\nu-1}$ sind ihre Wurzeln; jede von ihnen drückt sich als rationale Function von ρ aus. Sodann ist

$$\varphi(s, \rho)=0$$

die zweigliedrige Gleichung, welche s definiert; setzt man darin ρ_i für ρ, so geht diese Gleichung über in

$$\varphi(s, \rho_i)=0,$$

deren Wurzeln $s_i, s_i', s_i'', \ldots, s_i^{(\mu-1)}$ sind.

Von jetzt ab heisst die Gleichung, welche zuerst mit $\varphi(y, s)$ bezeichnet war,

$$f(y, s, \rho)=0.$$

Wie in dem Falle der Gleichungen, deren Grad eine Primzahl ist, ist es gestattet anzunehmen, dass diese Gleichung die Wurzelgrössen $s_1, s_2, \ldots, s_{\nu-1}$ nicht enthält. Sie ist durch die Grössen $s, \rho, \rho_1, \ldots, \rho_{\nu-1}$ irreductibel. Da man aber hat:

$$\psi(y)=\Pi f(y, s, \rho)=\Pi f(y, s_1, \rho_1)=\cdots=\Pi f(y, s_{\nu-1}, \rho_{\nu-1}),$$

so kann man annehmen, dass alle Gleichungen

$$f(y, s, \rho)=0,\ f(y, s_1, \rho_1)=0,\ \ldots,\ f(y, s_{\nu-1}, \rho_{\nu-1})=0$$

eine gemeinschaftliche Wurzel haben; die Gleichung, welche alle diesen Gleichungen gemeinschaftlichen Wurzeln enthält, wird von Abel bezeichnet mit:

$$F(y, s, s_1, \ldots, s_{\nu-1}, \rho, \rho_1, \ldots, \rho_{\nu-1})=0.$$

Nachdem dieses vorausgeschickt ist, nimmt Abel an, dass $s_\varepsilon, s_{\varepsilon+1}, \ldots, s_{\nu-1}$ sich als rationale Functionen von $\rho, \rho_1, \ldots, \rho_{\nu-1}$ und von $s, s_1, \ldots, s_{\varepsilon-1}$ darstellen lassen, dass aber keine dieser letzteren Wurzeln als Function der andern und von $\rho, \rho_1, \ldots, \rho_{\nu-1}$ darstellbar sei. Unter dieser Bedingung behauptet er, dass

$$F(y, s, s_1, \ldots, s_{\nu-1}, \rho, \rho_1, \ldots, \rho_{\nu-1})$$

ein Teiler ist von $\psi(y)$ für alle Werte von $s, s_1, \ldots, s_{\varepsilon-1}$ und dass somit der Grad von $\psi(y)$ teilbar ist durch μ^ε.

Ist, um dies zu beweisen, $\Phi(y, s, s_1, \ldots, s_{\varepsilon-1})$ der grösste gemeinschaftliche Teiler der ε Functionen

$$f(y, s, \rho),\ f(y, s_1, \rho_1),\ \ldots,\ f(y, s_{\varepsilon-1}, \rho_{\varepsilon-1}),$$

so ist

$$\Phi(y, s^{(\alpha)}, s_1^{(\beta)}, \ldots, s_{\varepsilon-1}^{(\zeta)})$$

der grösste gemeinschaftliche Teiler der Functionen:

$$f(y, s^{(\alpha)}, \rho),\ f(y, s_1^{(\beta)}, \rho_1),\ \ldots,\ f(y, s_{\varepsilon-1}^{(\zeta)}, \rho_{\varepsilon-1})$$

woraus man leicht schliesst, dass man hat:

$$\Pi^\varepsilon \Phi(y, s, s_1, \ldots, s_{\varepsilon-1}) = \psi(y).$$

Hieraus folgt, dass die Gleichung $\Phi(y, s, s_1, \ldots, s_{\varepsilon-1}) = 0$ irreductibel ist. Denn da die Gleichung $f(y, s, \rho) = 0$ irreductibel ist, so kann $\Pi f(y, s, \rho)$ oder $\psi(y)$ keine Wurzel mit einer Gleichung niedrigeren Grades gemeinschaftlich haben, deren Coefficienten rational in ρ sind, was notwendig stattfinden würde, wenn die Gleichung $\Phi(y, s, s_1, \ldots, s_{\varepsilon-1}) = 0$ reductibel wäre. Ferner hat diese Gleichung ihre sämtlichen Wurzeln gemeinschaftlich mit $f(y, s_{\varepsilon+n}, \rho_{\varepsilon+n}) = 0$, da $s_{\varepsilon+n}$ eine rationale Funktion von $s, s_1, \ldots, s_{\varepsilon-1}, \rho, \rho_1, \ldots, \rho_{\nu-1}$ ist. Mithin ist $\Phi(y, s, s_1, \ldots, s_{\varepsilon-1})$ identisch mit $F(y, s, s_1, \ldots, s_{\nu-1}, \rho, \rho_1, \ldots, \rho_{\nu-1})$.

Wenn man jetzt den Wurzelgrössen, welche in dem Ausdruck ρ vorkommen, neue Werte giebt, und mit S_i den entsprechenden Wert von s_i bezeichnet, so hat man:

$$\Pi^\varepsilon \Phi(y, S, S_1, \ldots, S_{\varepsilon-1}) = \psi(y)$$

woraus folgt, dass $\Phi(y, S, S_1, \ldots, S_{\varepsilon-1})$ einen Factor mit der einen der Functionen $\Phi(y, s^{(\alpha)}, s_1^{(\beta)}, \ldots, s_{\varepsilon-1}^{(\zeta)})$ gemeinschaftlich hat. Ist dies der Fall, so sind diese beiden Functionen identisch, mithin besitzt die Grösse z oder $\Phi(\alpha, s, s_1, \ldots, s_{\varepsilon-1})$ nur μ^ε verschiedene Werte.

Man muss also sagen, dass die Bemerkungen auf den Seiten 79 und 80 einen strengen Beweis des Satzes 2, S. 62 andeuten.

In diesem Beweise kann man sich übrigens von Anfang an von der Grösse ρ freimachen. Nehmen wir nämlich an, dass zwei verschiedenen Werten von ρ ein und derselbe Wert von s^μ entspreche, so haben wir:

$$\Pi f(y, s, \rho) = \Pi f(y, s, \rho_1),$$

woraus folgt:

$$f(y, s, \rho_1) = f(y, \omega^i s, \rho).$$

Ist jetzt

$$\varsigma = \Sigma p_m s^m$$

ein Coefficient der Function $f(y, s, \rho)$ und

$$c' = \Sigma p'_m s^m$$

der entsprechende Coefficient von $f(y, s, \rho_1)$, so hat man:

$$p'_m = \omega^{mi} p_m.$$

Nun kann man in einem dieser Coefficienten die eine der Grössen p_m gleich der Einheit setzen. Alsdann hat man $\omega^i = 1$, somit allgemein $p'_m = p_m$. Ist dies der Fall, so kann p_m als rationale Function von s^μ dargestellt werden. Die Coefficienten von $f(y, s, \rho)$ sind demnach rationale Functionen von s.

Wenn jetzt der Grad der gegebenen Gleichung μ^ε ist, so ist die Function $\Phi(y, s, s_1, \ldots, s_{\varepsilon-1})$ vom ersten Grade, woraus folgt, dass y eine ganze und sogar symmetrische Fnnction von $s, s_1, \ldots, s_{\varepsilon-1}$ ist. Dies ist der Satz 4, S. 62; augenscheinlich hat dieser Satz nur Geltung, wenn die im Satze 2 erwähnte Zerlegung unmöglich ist. Der Beweis dieses Satzes erledigt sich wie für die Gleichungen vom Grade μ.

Die folgenden Formeln sind nur eine Wiederholung der auf den vorigen Seiten befindlichen. (Sylow.)